知乎
有问题 就会有答案

心理潜能

人人都能学会压力管理

刘海骅 等 编著

北京联合出版公司

图书在版编目（CIP）数据

心理潜能：人人都能学会压力管理 / 刘海骅等编著
. —北京：北京联合出版公司，2023.5
　　ISBN 978-7-5596-6814-1

　　Ⅰ.①心… Ⅱ.①刘… Ⅲ.①心理压力—心理调节 Ⅳ.① B842.6

中国国家版本馆 CIP 数据核字（2023）第 060316 号

心理潜能：人人都能学会压力管理

编　　者：刘海骅 等
出 品 人：赵红仕
责任编辑：周　杨
策　　划：知乎BOOK
出版监制：张　娴　魏　丹
策划编辑：高赫曈　云　逸
营销编辑：崔偲林
封面设计：左左工作室

北京联合出版公司出版
（北京市西城区德外大街 83 号楼 9 层　100088）
北京联合天畅文化传播公司发行
三河市兴博印务有限公司印刷　新华书店经销
字数 216 千字　880 毫米 ×1230 毫米　1/16　23 印张
2023 年 5 月第 1 版　2023 年 5 月第 1 次印刷
ISBN 978-7-5596-6814-1
定价：69.80 元

版权所有，侵权必究
未经许可，不得以任何方式复制或抄袭本书部分或全部内容
本书若有质量问题，请与本公司图书销售中心联系调换。
电话：010-65868687　010-64258472-800

推荐序

在当代人类社会生活中，压力变成了一个越来越重要的关键词。无论是研究者对压力相关神经生理机制孜孜不倦的深入探索，还是实践工作者越来越多地开发和应用应对压力的策略和方法，抑或是更广大的人群在社交媒体上抱怨焦虑感的上扬……种种迹象都告诉我们，压力已经逐渐成为当代人日常生活的热点主题。

于是，在如今这个充斥着焦虑感的时代背景下，压力管理逐渐走入人们的视野：尽管从专业角度而言，管理压力并非控制压力，就如同管理情绪并不是要压抑情绪。这是近几十年内被广为接受的一个原则。但将这一思想具体化、操作化，并普及给更多的心理学从业者，以及饱受压力困扰的普通大众，依然有着十足的必要性和紧迫性。本书的创作和出版，无疑在这一方向上做出了非常有价值的努力。

首先，从结构层面来看，本书做到了工具性与可读性的兼顾。在全书的编排上，作者先是结合大量心理学专业知识，对压力究竟是什么进行了完整清楚的论述，之后阐明压力应对的核心逻辑，为后半部分提出各具特色的压力管理技巧进行铺垫。这样有所侧重而又逻辑递进的编排，相信可以让读者从中得到相应的收获。

其次，从内容层面来看，本书追求科学性与趣味性的结合。近些年来，与压力相关的神经生理研究成果丰硕，本书亦尽可能地呈现了这部分内容。与此同时，本书也没有摒弃传统的心理学理论，而是恰到好处地从中衍生出多重视角。尽管我们都知道，熟练掌握这些科学知识并非掌握后续压力管理技巧的必要条件，但我认为这种设计所传达给读者的科学精神，对于心理学科普读物而言十分必要。在此基础上，作者还穿插了大量生活中的案例，辅以生动幽默的语言，帮助读者更好地接受和理解。比较值得一提的是对第八章中提出的心理潜能这一概念的系统说明。作者用生动的案例讲述了心理潜能的各个维度与表现，论述了心理潜能对压力情境中个体的情绪、认知和行为的重要影响。而第十四章将压力管理与中国传统文化中的宋词相结合，也让我们看到作者将这一领域与中国文化结合的尝试。

　　本书的作者刘海骅博士具有德育工作者、相关心理学课程的任课教师和心理咨询师的多重身份，以及多年与高校学生打交道的工作经验。我相信正是这样独特的经历，让他充分认识到压力是一个非常值得探讨的主题，也让他决定承担起对这一专业领域进行科普的责任。前面所提到的本书在结构和内容上的恰当安排，也体现出作者坚实的专业基础和殷切的助人之心。一本心理学科普读物的诞生往往寄托着作者种种美好的期盼。作为一名心理学学者，我也诚心地将本书推荐给走在助人或自助之路上的各位！

苏彦捷

北京大学心理与认知科学学院教授、博士生导师
教育部长江学者特聘教授
中国心理学会候任理事长

序

用多元整合的视角应对压力

作为一名高校的德育工作者和心理咨询师，经常遇到有着不同教育背景的家长和儿童、青少年因为各种心理困扰向我求助。在谈到自己或者孩子面临巨大的压力时——往往陈述为家庭关系紧张、夫妻或亲子冲突不断——每一个被困扰的人都感到异常焦虑。压力和焦虑感已经成为现代人的共同问题。

那么，面对压力，我们究竟该如何应对？相关学科提供了不同的应对视角。

从神经生理学的观点来看，压力是大脑和身体对刺激源的非特异性反应。这些反应由神经递质和激素共同参与，在特定的大脑区域和身体部位发生作用。例如我们常说的皮质醇、内啡肽、多巴胺、5-羟色胺等，我们所熟悉的前额叶、杏仁核、海马体等脑结构都共同参与压力反应。同一类型的压力刺激会形成特定的神经回路，每当我们遭遇类似压力时，某条神经回路就会被启动，表现出相应的身心症状。因此神经生理学提倡应对压力需要从重塑神经做起，其中的方法包括各种各样的实践体验活动，例如正念、催眠、音乐、绘画、运动、药物治疗和生物反馈技术等。

从认知的观点来看，压力源本身并不会直接造成压力反应，只有那些针对压力源的想法和信念才会让我们深陷痛苦之中。我们要通过调整自己不恰当、不合理的思维方式，来改变自身的压力反应。

心理动力学强调，要回到生命早期的教养过程中去探索自我的结构与功能，它认为压力管理的核心是对自体与客体关系的修通。

积极心理学则非常重视人们的良好品质和积极心理潜能，它主张在应对压力的过程中，不仅要看到问题事件、问题情绪和问题信念本身，还要看到自身应对问题的内在资源。每个人都拥有应对挫折和创伤的品质和能力，正所谓"圣人之道，吾性自足"。如果将生命比作一条河流，生命就在于流动的过程，专注在自己擅长的事情、启动个体在特定领域下的心流状态，让自己的心理潜能得到充分发挥，这是应对压力的最高境界。

本书采用多元整合的视角来理解和应对压力，全书共分为十五章。第一章界定了压力的概念，给读者提供了识别、测量压力的具体方法与工具。第二章介绍了压力的脑科学知识，告诉大家在遭遇压力的过程中，我们的大脑和身体究竟发生着怎样的变化。第三、第四章介绍了常见压力情绪产生的机制与过程，这些情绪包括愤怒、恐惧、焦虑、悲伤、抑郁等。第五章阐述了思维方式在压力产生过程中所扮演的重要角色，揭示我们自身容易掉入哪些思维的陷阱，以及如何从这些陷阱中跳脱。第六章讲述了经典精神分析理论和客体关系理论中与自我冲突有关的内容，试图从心理动力学的角度理解压力。第七章罗列了压力应对的相关理论以及应对策略矩阵，指导我们更加科学地进行压力管理。第八章介绍了本书的核心概念——心理潜能，用生动的案例讲述了心理潜能的各个维度与表现，论述了心理潜能对压力情境中个体的情绪、认知和行为的决定性影响。第九章到第十五章分别介绍了正念、绘画、音乐、运动、宋词赏析和催眠等体验活动在压力管理中的应用，并提供了具体的实践操作流程。

本书的第一、第四、第七、第八章由刘海骅撰写，第二章由武雅学、刘海骅撰写，第三章由张驰撰写，第五章由孙锦露、刘海骅撰写，第六章由李晨枫、刘海骅撰写，第九章由徐必成、刘海骅撰写，第十章由赵国茗、刘海骅撰写，第十一章由高华、许英美撰写，第十二章由何瑾、刘海骅撰写，第十三章由亓昕、刘海骅撰写，第十四章由闫洪丰撰写，第十五章由叶海鲲、张驰、刘海骅撰写。本书由刘海骅完成审改和统稿，王丹、田光辉、王晨、范晟晟、张晶晶、丁一和肖吉雅协助完成文字誊录、案例汇编和修改润色工作。感谢知乎的高赫瞳、刘璇为本书的出版精心组织、周密策划。本书的定位是集教材、工具书于一体的双功能读本，因此在谋篇布局上更加注重从压力管理的实操出发，兼顾学术性和操作性。尽管我们已经尽力而为，但限于我们现有的专业水平和条件，本书中仍然难免有不当之处。因此，我们欢迎读者批评指正，以便进一步修正和完善。

目录

01 "压力山大"？一起了解压力 — 1
失控与平和：压力的定义 — 4
从定性到定量：压力的测量 — 7
溯源与应对：压力的识别 — 10

02 压力是如何产生的 — 43
当"老虎"如影随形：压力下的身体反应 — 46
视压力为一种刺激：压力的应对过程 — 47
人如何看待压力：压力下的心理反应 — 48
身体的反应机制：压力应对相关理论 — 54
长期压力下的身体预警：压力应对结果 — 58
让压力"飞一会儿"：与压力共生 — 60

03 压力引起的情绪之愤怒 — 65
"怒发冲冠"：愤怒是基本情绪的一种 — 68
为什么生气：愤怒情绪的产生和识别 — 71
生气了会怎样：愤怒情绪的表达 — 74
生气了该怎么办：愤怒情绪的管理 — 77

04 压力引起的其他情绪　　89

恐惧情绪：当危险马上来临时　　93
焦虑情绪：当未来令人紧张不安时　　103
悲伤情绪：当损失不可挽回时　　105
抑郁情绪：当多种情绪交织时　　108

05 思维陷阱与压力　　113

作为"双刃剑"的思维　　116
思维如何影响压力　　117
"三我"模型应对压力　　118
洞察常见的思维陷阱　　121
如何跳出思维陷阱　　126

06 心理动力视角下的压力　　139

一个人的心理学：经典精神分析理论　　143
两个人的心理学：客体关系理论　　150

07 压力应对的理论与策略　　157

代表性压力应对理论　　160
典型压力应对策略　　165

08 心理潜能：压力管理的核心资源　　175

　　你的潜能超乎你想象　　180
　　四大维度提升心理潜能　　181

09 正念减压　　189

　　正念与正念减压　　192
　　正念如何有效减压　　195
　　正念减压的实际应用　　198
　　正念减压练习　　200

10 正念训练与体育竞技　　211

　　竞技体育中的正念　　214
　　正念中的觉察与接纳　　220
　　正念干预方案　　223

11 绘画疗法与减压　　227

　　作为艺术治疗的绘画疗法　　231
　　绘画疗法减压原理　　233
　　绘画减压的方法　　235

12 音乐疗法与减压 249

在音乐中寻找情感共鸣 253
音乐也是一剂良方 255
新潮流之正念音乐疗法 258
正念音乐减压练习 260

13 运动疗法与减压 265

运动与减压 268
运动如何让心灵"减重" 272
运动方式的选择 277

14 宋词中的压力管理 283

"三境界论"与压力管理 286
宋词压力管理的理论基础 288
宋词中的压力管理技巧 290

15 催眠减压 305

催眠不神秘 309
催眠如何发生 312
催眠减压的实际应用 315

01

"压力山大"?
一起了解压力

"压力山大"？一起了解压力

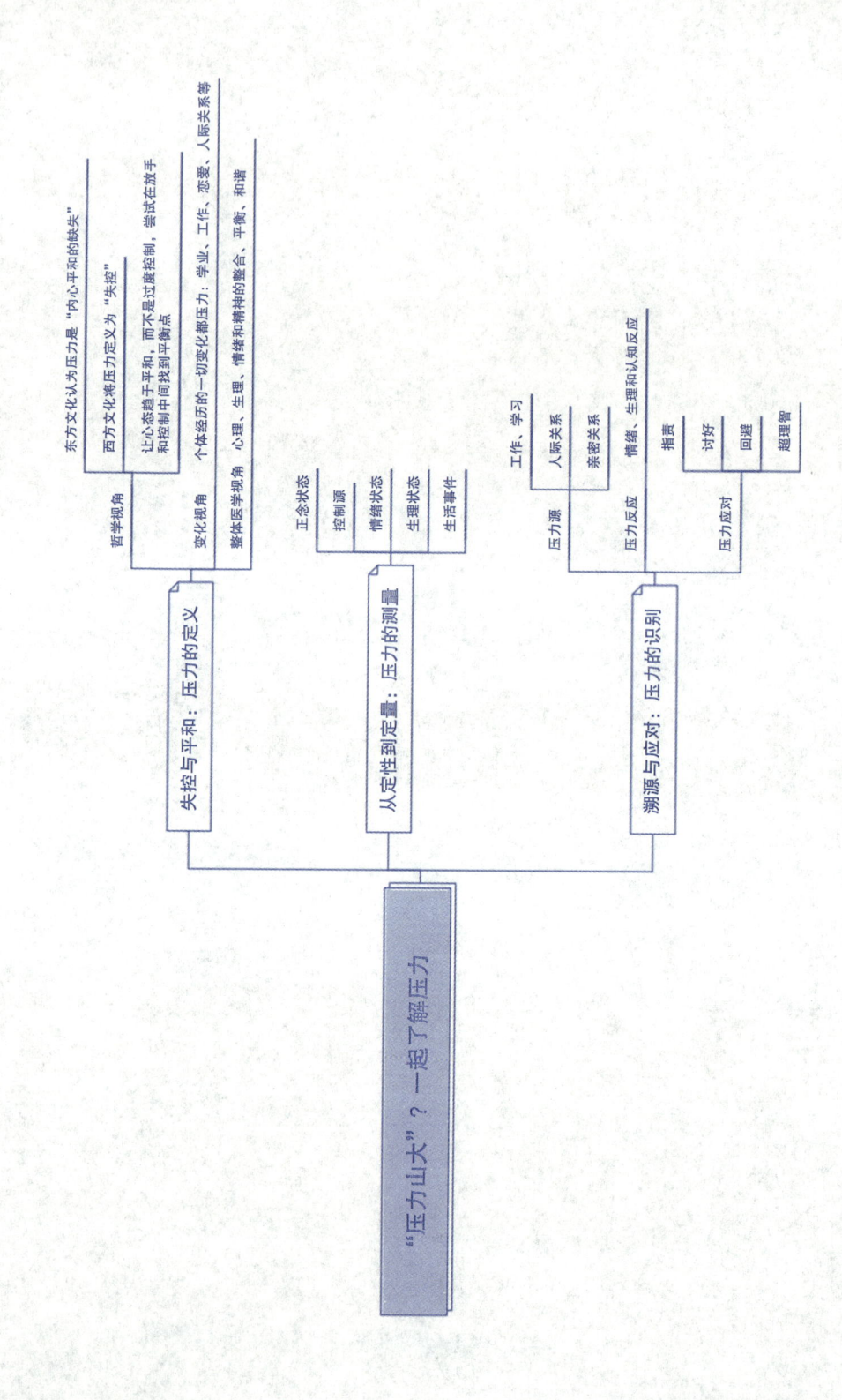

失控与平和：压力的定义

哲学视角
- 东方文化认为压力是"内心平和的缺失"
- 西方文化将压力定义为"失控"

变化视角
- 让心态趋于平和，而不是过度控制，尝试在放手和控制中间找到平衡点
- 个体经历的一切变化都是压力：学业、工作、恋爱、人际关系等

整体医学视角
- 心理、生理、情绪和精神的整合，平衡、和谐

从定性到定量：压力的测量

- 正念状态
- 控制源
- 情绪状态
- 生理状态
- 生活事件

溯源与应对：压力的识别

压力源
- 工作、学习
- 人际关系
- 亲密关系

压力反应
- 情绪、生理和认知反应

压力应对
- 指责
- 讨好
- 回避
- 超理智

引言

压力，也称为"应激""紧张"。心理学家拉扎勒斯（Lazarus）认为，压力是事件和责任超出个人应对能力范围时所产生的焦虑状态（紧张状态），是人与环境相互作用的产物。[1,2,3] 当人认为内外环境的刺激超过自身的应对能力及应对资源时，就会产生压力。因此，压力是内外需求与机体应对资源的不匹配破坏了个体的内稳态所致。关于压力，不同文化有不同的解读视角和定义，同时，在现代社会也产生了多种识别和测量压力的方式，这有助于我们更全面系统地认识压力。

案例

小A，大一学生，因人际关系、学业和个人发展方面的压力较大而来咨询。在人际关系方面，小A由于与室友生活习惯不同而焦虑，不知道如何与他们相处；同时发现自己在学校很

---

1 Lazarus, R. S., & Folkman, S. Psychological stress and the coping process[M]. New York: McGraw-Hill, 1966.
2 Lazarus, R. S., & Launier, R. Stress-related transactions between person and environment[M]. Perspectives in international psychology: 1978, 287-327.
3 Lazarus, R. S., & Folkman, S. Stress, appraisal, and coping[M]. New York: Springer, 1984.

难交到知心的朋友，与同学交流也较少，大家都是各自忙各自的事情；此外，小 A 对谈恋爱也没有信心，感到有些自卑。在学业方面，小 A 由于知识储备不足而感到学习上很吃力，上课时有些地方听不懂、专业学习跟不上；同时，班级里同学之间竞争压力很大，小 A 亦感觉自卑。总体上小 A 感到压力很大，这些压力对其学习和生活产生了一定影响。在咨询中，我们使用量表测量了小 A 当下的压力水平，让小 A 对自己的情况有了客观的了解，在此基础上帮助小 A 识别和分析压力源，并和小 A 探讨了一些有效的应对方式，随后通过家庭作业的训练，让小 A 能够逐渐建立信心，掌握人际关系互动的技巧，在学业和人际关系方面变得更加积极起来。

失控与平和：压力的定义

（一）从哲学视角看压力

关于压力，东方文化认为压力是"内心平和的缺失"，而西方文化则将压力定义为"失控"。要想更好地理解压力，我们可以来思考：什么是幸福。平静、平和，注重达到一种平稳的状态，"顺其自然，为所当为"，这是我们东方人追求的幸福最高境界；而西方人认为幸福是快乐，试图通过控制和干预获得快乐。

西方人认为，失控是一种很糟糕的状态。

基于西方的压力管理视角，很多西方人在生活中一旦认为事情失控，就会拼命去控制，然而控制不一定会得到好的结果。而基于东方文化视角，东方人需要考虑为什么去控制，控制它的最根本原因是什么，能不能尊重事物的自身发展规律，顺其自然？

例如恋爱中的双方，一方特别想去控制另外一方，要了解对方每天的微信是发给谁的、发的内容是什么、每天都见了谁、给谁打了电话、此时此刻对方心里想的是谁……这种失控的恐惧其实是一种安全感的缺失。所以谈恋爱时，如果对方属于严重的焦虑依恋型，你的恋爱过程可能会比较辛苦，因为你可能会感受到来自对方近乎令人窒息的管控。首先，对方总是要让你证明你是爱他／她的，你也需要时刻证明你可以在他／她可及范围内被联系到，或者用各种方式来证明你的定位、地点、和谁在一起等。亲密关系中，焦虑依恋型的伴侣常常因安全感的缺失造成失控，这样反而会让他们加强控制，诸如翻阅对方手机、不断追问对方是不是爱自己等，最终导致两个人关系的破裂。

对部分父母来讲，失控也是一件很让人难以忍受的事情，但大多数情况是，父母越是要控制孩子，亲子关系可能越疏远、越糟糕。如果对待这类家庭中的孩子用东方哲学，顺其自然，孩子其实可以成长得很好。由此，人们需要在东方哲学中汲取智慧，改善心态，让心态趋于平和，而不是过度控制，要尝试在放手和控制中间找到平衡点。这是在压力管理方面，东方和西方哲学的不同。

（二）从变化视角看压力

变化视角认为个体经历的一切变化都是压力。生活当中的变化非常多，例如有人会觉得每天跟父母待在一起，父母唠唠叨叨，让自己心烦意乱，返回学校就清净多了；有人会觉得在家里很舒服，有家人照顾，返回学校凡事都要靠自己。由此可见，变化可以是好的，也可以是不好的，要看特定个体的反应。从生理指标上看，好的变化和不好的变化都可能对身体造成冲击，形成非特异性的压力反应，即好的刺激或不好的刺激都可能会影响内分泌、神经系统，引起大脑相关的反应、变化。

塞利（Selye）认为，压力是身体对于施加于其上、需要其适应的一切要求的非特异性反应，无论这一要求产生的是喜悦还是痛苦。[1,2] 可见身体不能分辨积极变化和消极变化，需要我们去适应这些变化，从而调节其带来的影响。对小A来说，作为大一新生，面临着人际关系、学业、生活方面诸多的变化，这些都是要小A去适应的。

1　Selye，H. Stress and disease[J]. Science，1955，122(3171): 625-631.
2　Selye，H. What is stress? [J] Metabolism，1956，5(5): 525-530.

（三）从整体医学视角看压力

整体医学是一种治疗取向，崇尚心理、生理、情绪和精神的整合、平衡、和谐，促进内心世界的稳定。整体医学认为，压力是一个人无力应对自己心理、生理、情绪及精神上受到的威胁时，所产生的一系列生理反应及适应现象。整体医学是从系统、整体的角度来看待压力，即压力的产生是从心理到生理、情绪、精神状态的综合结果。因此当一个人产生精神疾病的时候，不能仅仅依靠服用药物来解决问题，还需将心理咨询、艺术体验、体育锻炼和社会的情感支持等结合在一起，让其内心达到平和状态。小A一方面获得了心理咨询的干预，提升了自己的人际关系技能，同时还获得了老师和同学的支持。利用这些资源，小A在学业和未来发展方面会更加有信心和动力。

从定性到定量：压力的测量

根据压力的定义，研究者编制了各类量表，可以从正念状态、控制源、情绪状态、生理状态以及生活事件等方面来测量压力，进而帮助量化压力的大小。

（一）正念状态

根据卡巴金（Kabat-Zinn）的定义，正念是指来自有意的、此时此刻的、不评判的注意所带来的觉察。[1] 正念练习的一个目的就是缓解压力。通过测量正念状态，可以了解压力水平和身心放松的状态。有关量表见附录1-1。

（二）控制源

一般来说，控制源是指一个人对生活事件因果关系的责任的归因。由罗特（Rotter）首先提出的控制源结构表明，控制源被分为内控和外控。[2] 有些人相信自己能够对事情的发展与结果进行控制，此类人的控制点在个体的内部，称为内控者。另外一些人相信外部对自己的影响，比如相信命运和机遇等因素决定了自己的状况，他们的控制点在个体的外部，称为外控者。通过测量控制源，可以了解压力的源头，以及怎么看待压力。有关量表见附录1-2。

（三）情绪状态

情绪状态一般指情绪本身的存在形式。通常情况下，有压力

1　Kabat-Zinn, J. Mindfulness-based interventions in context: Past, present, and future[J]. Clinical Psychology, 2003, 10(2): 144-156.
2　Rotter, J. B. Generalized expectancies for internal versus external control of reinforcement[J]. Psychological Monographs, 1966, 80(1): 1-28.

就会有情绪，过度的压力就会产生情绪反应，比如在压力之下可能表现出焦虑、烦躁、抑郁等症状，这种情绪本身就是对压力的一种间接反映。通过测量情绪状态，可以了解目前的压力情况。有关量表见附录1-3、1-4。

（四）生理状态

从生理角度看，一个处于压力下的人身体长期分泌大量的压力激素，会引发心血管病、肾病或其他多种疾病，造成神经衰弱、脾气暴躁、失眠等症状，影响消化系统、学习和记忆功能、性功能等。人长期处在压力下，生理状态会变差，并进一步引起其他问题，诸如人际关系紧张、工作效率下降、学习能力退化、理解和解决问题的能力降低等，而这些又会对个体造成更大的压力，所以长时间的压力可能导致恶性循环。通过测量生理状态，可以了解压力的情况。有关量表见附录1-5。

（五）生活事件

生活事件是指人们在日常生活中遇到的各种各样的社会生活的变动，如结婚、升学、亲人亡故等。自塞利提出应激的概念以来，生活事件作为一种心理社会应激源对身心健康的影响受到广泛关注。通过测量生活事件，可以对刺激进行定性和定量分析，了解压力的情况。[1,2] 有关量表见附录 1-6。

咨询中，我们对小 A 使用了控制源量表、正性负性情绪量表、焦虑自评量表来测量压力。结果显示小 A 偏向内控型，情绪比较消极，中度焦虑，这表明小 A 有一定的压力。

溯源与应对：压力的识别

日常生活中，我们会遭遇很多压力，它们来自生活、工作、学习、人际关系或者亲密关系等。我们使用 SRC 模型进行压力分析，即分析压力源（Stress）、压力反应（Response）、压力应对（Coping）。识别压力需要了解压力源、压力反应和自动化的应对方式分别是什么，正所谓"知己知彼，百战不殆"。具体的操作则需要落实到每一个细小的情境中，可以尝试观察自己情绪的连锁反应，如同慢放电影那样一帧一帧呈现出来。例如当时遇到了什么样的压力事件，事件发生后自己想到了什么，感受到了怎样的情绪，情绪伴随着哪些生理反应，之后做了何种冲动的行为……回忆之后，可以使用 SRC 模型系统地识别和分析压力。

1　Selye, H., 1955.
2　Selye, H., 1956.

（一）压力源

压力源，又称应激源或压力刺激，是指任何能够被个体知觉并产生正性或负性压力反应的事件或内外环境的刺激。在识别压力的 SRC 模型中，首先要识别各种各样的压力源，即我们在生活中遇到的形形色色的烦恼、痛苦。具体有以下几方面。

1. 工作、学习压力

工作、学习压力，是指人在工作和学习活动中所承受的精神负担。具体包括以下几类。

（1）任务多： 通常表现为工作事务多或课业任务多等，众多的任务超过了个体的正常应对能力，给个体带来压力。比如：

工作上的问题一个接一个解决不完，感觉快要崩溃了；

熬通宵加班，提交的项目还是被痛批一通，好累好绝望；

一大堆作业没写完，考试临近没时间复习，压力巨大；

抽不出个人时间参加社会活动，私人空间少。

对小 A 来说，大一期间课业繁重，小 A 基础比较薄弱，有些跟不上，尤其到了期中和期末，更觉得不堪重压。

（2）任务紧急： 通常表现为突发的或临近节点的紧急任务等；或从事任务的时间有限，给个体带来紧张感，造成压力。比如：

明天就要交方案，今天刚开会，现在才开始做方案，时间太赶了；

这周有三个项目要完成，感觉头都大了。

（3）**考核竞争**：目前企业或学校往往会对员工或学生的绩效或成绩进行排名，通过实施考核来评等级，往往还和奖金、奖学金、荣誉评比等挂钩，有时候会给员工和学生带来压力。比如：

因为担心年底的绩效考评，平时做事总是和别人竞赛，精神压力很大；

同学们都很"卷"，自己也得加倍努力，感觉有些累。

（4）**不匹配或不适**：所从事的工作和自己预想的不符，给自己带来压力。比如：

工作模式发生改变，实践要求变高而带来不适；

所从事的职业不是自己喜欢的，又不知道自己能做什么，对未来缺乏清晰的规划和定位；

自己对专业缺乏兴趣，对所研究的方向不感兴趣；

工作无聊枯燥，不是自己以前想象的那样。

2. 人际关系压力

人际关系压力，是指人在人际交往、互动和接触中感受到的压力。具体包括以下几类。

（1）**和同事、同学相处的压力**：在日常生活中经常要与不同的同事或同学接触，有时会感觉维持人际关系很有压力。比如：

很难交到真心朋友，和同事关系一般，也不知道怎么融入一些"圈子"；

与同学交流非常少，大家都是各自忙各自的事情；

同学邀请自己参加聚会，不愿意去，但不知道怎么拒绝；

同宿舍的同学经常熬夜，"噼里啪啦"敲键盘，半夜吃东西，频繁发出声音，真让人受不了……

在和室友的相处中，小A的作息时间和其他室友不太一致，小A一般会晚上补功课，睡得比较晚，室友们对此很有意见，让小A觉得压力很大。同时，小A在学校里没有什么知心的朋友，也没有和一些同学建立起稳定的关系，让小A觉得自己在人际关系上很失败。

（2）来自权威的期望：来自家人、领导、老师等人的期望，也会让个体产生压力。比如：

父母总希望自己能有出息，取得成就，而自己多累都得咬牙扛着，从来都不敢喘一口气，长此以往，感觉自己身心俱疲；

老板希望自己能独当一面，给安排了很多任务，自己真的觉得有些撑不住了；

因为被老师赋予很高的期望，怕自己做得不够好，在老师面前非常紧张。

（3）人际关系中的冲突：在人际关系中，会因为观点、态度、价值观、能力、性格等与他人产生碰撞，带来压力。比如：

和同事的观点在很多地方都有分歧，争吵比较多；

朋友一直向自己寻求帮助，自己也很想帮他，但有时候无能为力，会有些烦躁；

和自己的好朋友分享秘密，结果发现对方跟很多人讲了。

3. 亲密关系压力

在和伴侣的相处过程中，也会感受到一些压力。具体包括以下几类。

（1）**掌控感**：在亲密关系中，双方会争夺控制权，给彼此带来压力。比如：

对方总是希望什么都听他的，穿什么衣服、吃什么饭，都要他说了算；

对方总是对自己有各种要求，感觉自己都是为了满足对方的需要；

有时候对方会通过冷战，比如不说话等，来控制自己，让自己求和，长此以往，会让自己很疲惫。

（2）**有差距**：双方在经济、喜好、能力、见识方面等有差距，也会带来一定的压力。比如：

和对方的家庭条件不一样，有一次去吃饭，对方很排斥路边摊，自己当时很尴尬；

和对方抱怨遇到的困难，对方却说在其看来不是困难；

自己在恋情中很热情和真诚，可对方只是抱着试试看的态度对待自己。

（3）**偏差**：在和伴侣的互动中，因为语言表达、沟通等方面的不恰当而产生不好的体验。比如：

对方很少会去听自己的心里话；

对方总是给不了自己情绪上的安慰，每当自己遇到事情，需要对方来安抚时，对方总是在讲道理，自己根本就听不进去；

感觉对方很不会说话，情商有些低。

本部分的压力源分类，有助于我们对身边发生的重要事件进行细致的复盘。我们可以先练习复盘，熟练之后，在事件发生时便可进行觉察和监控，比如觉察压力源到底是什么，什么事情让自己愤怒、沮丧或者焦虑，这件事情是不是值得自己做此反应。即在压力源的分析觉察中，要了解发生了什么事，是什么引起了压力。

（二）压力反应

压力反应包括情绪、生理和认知反应。在压力场景中，这些反应交织在一起。例如，当一个人当众讲话时，他感到紧张和焦虑，伴随着心跳加速、手心冒汗、胸口憋闷，脑子里面装满了"我肯定讲不好，听众根本没有耐心听，一定会贬低我……"等悲观的认知信念，从而使得他不能流畅地讲出要讲的内容，而这个结果进一步加强了此人负面的情绪、生理和认知反应。小A在学习时，想着"自己很多地方不懂，一定学不好"，带着这样的负性认知，小A感到心理紧张，手心出汗，难以集中注意力，这又进一步引发小A产生更多的焦虑和恐惧。

关于情绪反应、生理反应和想法、信念哪个先发生，现代心理学至今还未研究清楚。在进行干预时，不同的治疗流派和模型关注的焦点不一样，各有各的优势。比如认知行为流派中的SRC模型，是从应对策略层面入手，通过做家庭作业，每天写积极情绪日记或生活意义日记等，将每天发生的负性事件转化成有意义的事件，记录"压力可以让人成长，让人变得更勇敢、更强大"，这是一个积极赋意的过程。SRC模型的视角可以很细致地看到人的变化过程。

此外，压力源可能是一直持续的，比如某人遭受了一次重大的创伤，这叫作Ⅰ型创伤；而另一个人一直被父母虐待，这叫作Ⅱ型创伤，是持续的、慢性的创伤。压力管理的知识会让人看到自己的压力是由哪一种压力源导致的，然后帮助自己重新修复，让情绪得到宣泄，让压力逐渐得到缓解。

（三）压力应对

在遇到压力时，我们往往会下意识地进行应对，这其中有的是靠我们的经验、习惯的积累，有的则是靠先天的气质因素。在这些自动化的反应中，有的会让人感觉很好，有的则会带来不好的影响，这些不好的反应被称作"不良的自动化应对"，具体包括以下几种。

1. 指责

通过指责他人来保护自己，往往会使气氛变得更加紧张。比如：

在伴侣抱怨自己做得不好时，为了不承担责任，自己会下意识地指责对方，这会让双方不断争执下去；

在领导批评自己业绩不理想时，会直接将原因归到外部因素，比如其他人没有配合好自己、受客户刁难等。

2. 讨好

讨好可能会暂时控制住自己的情绪，但内心往往有很多矛盾之处，这些矛盾若不及时处理，以后还有可能爆发。比如：

和他人在观点上起冲突，为了不惹事，便下意识地顺从别人的观点；

和伙伴一起踢球，对方明明球技一般，但自己却夸对方踢得好，感觉很违心。有时候干别的事情也是这样。

小A在课堂上和同学讨论时，常常迎合别人的看法，久而久之，小A觉得自己越来越没有自己的观点，从而感到自卑和受挫。

3. 回避

回避在当时可能会减少正面冲突，但一味地回避会影响彼此之间的关系。比如：

和朋友吵架后，默不作声，悄悄拉黑对方；

明明生对方的气，但被对方问及的时候，却总用"没事""没什么"等敷衍过去。

4. 超理智

就事论事，不关注对方的感受，让人感觉缺乏人与人之间的联结，关系淡漠。比如：

和女友去看花，女友突然问是花美还是她美，回答"来看花，当然是花美了"，女友低声说"没情调"；

老公第一次做菜，知道他很努力，但吃的时候只就自己的口感进行评价，没有表达对对方心意和付出的感谢。

小结

本章从东西方哲学视角、变化的视角以及整体医学的视角解读压力，让读者更全面、更深入地认识压力。在此基础上，可以结合各种量表来测量压力，量化压力相关的状态。最后介绍了实用的SRC模型来有效地识别压力，分清压力源、压力反应和压力应对方式的具体内容，由此看到每一个压力情境中的系列路径，可以增强觉察和应对能力，缓解压力，做自己内心的主人，感受生活中的轻松快乐和幸福美好。

附录

附录 1-1　正念注意觉知量表

下面是一系列关于你日常生活经验的描述，请根据每一个陈述事件在你生活中发生的频繁程度，从中选出最符合实际经验的情况，并记录对应数字，最后计算总分。请务必根据你的真实经验作答，而非你心中的预期。

1. 几乎总是
2. 非常频繁
3. 有些频繁
4. 有些不频繁
5. 非常不频繁
6. 几乎从不

Q1：有时我体验到一些情绪，过一会儿才会意识到这种情绪。

Q2：我会因为不小心、没注意或者想到其他事情而打碎物品或弄坏东西。

Q3：我发现静下心来关注当前发生的事情有些困难。

Q4：我前往要去的地方时，一路上对风景或其他事物没有注意。

Q5：除非身体的紧张感或者不舒适感引起我的注意，否则我一般都不会去关注身体的感觉。

Q6：第一次被告知某个人的名字时，我会很快地忘记这个名字。

Q7：我做事情好像是自动的过程，对于所做的事情没有太多觉知或者注意。

Q8：我匆匆做完一些事情而没有注意到这些事情本身。

Q9：我关注我想达到的目标，但我总是做与目标关系不大的事情。

Q10：我做工作或者任务是自动化的，不会去注意我在做什么。

Q11：我发现自己会边听别人说话边做其他的事情。

Q12：我到达一个地方后会奇怪为什么我会到这里。

Q13：我发现自己沉浸在对未来的幻想或者对过去事情的回忆中。

Q14：我发现自己做事情时没有投入注意力。

Q15：我吃东西的时候没有意识到自己正在吃东西。

计分方法：
全部为正向计分，每个条目均是对正念概念的反向描述。得分越高，正念觉知程度越高，反映了个体在日常生活中对当下具有较高的觉知和注意力；得分低，表明个体日常的觉知和注意力较低。

附录1-2　控制源量表

本版本含26个项目，每个项目要求被试者必须从中选择一个，之后按照选择的项目计算总分。总分范围在0（极端内控）到20分（极端外控）之间。

1.

a. 孩子们出问题是因为他们的家长对他们责备太多了。

b. 如今大多数孩子所出现问题的原因在于家长对他们太放任了。

2.

a. 生活中很多不幸的事都与人们运气不好有一定关系。

b. 人们的不幸起因于他们所犯的错误。

3.

a. 产生战争的主要原因在于人们对政治的关心不够。

b. 不管人们怎样努力去阻止，战争总会发生。

4.

a. 最终人们会得到他们在这个世界上应得到的尊重。

b. 不幸的是，不管一个人如何努力，他的价值多半得不到周围人的承认。

5.

a. 那种认为教师对学生不够公平的看法是无稽之谈。

b. 大多数学生都没有认识到，他们的分数在一定程度上受偶然因素影响。

6.

a. 如果没有合适的机遇，一个人不可能成为优秀的领导者。

b. 有能力的人未能成为领导者是因为他们未能利用机会。

7.

a. 不管你怎样努力，有些人就是不喜欢你。

b. 那些不能让其他人对自己有好感的人，是因为不懂得与别人相处的技巧。

8.

a. 遗传对一个人的个性起决定作用。

b. 一个人的生活经历决定了他是怎样的一个人。

9.

a. 我常常发现那些将要发生的事果真发生了。

b. 对我来说，信命远不如下决心干实事好。

10.

a. 对于准备充分的学生来说，不公平的考试这一类的事是不存在的。

b. 很多时候，测验题与讲课内容毫不相干，复习功课一点儿用也没有。

11.

a. 取得成功是要付出艰苦努力的，运气几乎甚至完全与成功不相干。

b. 找到一个好工作主要靠时间、地点合宜。

12.

a. 普通老百姓也会对政府决策产生影响。

b. 这个世界主要由少数几个人掌权操纵，小人物对此做不了什么。

13.

a. 当我订计划时，我几乎可以肯定自己可以完成。

b. 事先订出计划并非总是上策，因为很多事情到头来只不过是运气好坏的产物。

14.

a. 确有一种人一无是处。

b. 每个人都有好的一面。

15.

a. 就我而言，能得到我想要的东西与运气无关。

b. 很多时候我宁愿靠掷硬币来做决定。

16.

a. 谁能当上老板常常取决于他很走运地先占据了有利的位置。

b. 让人们去做合适的工作，取决于人们的能力，运气与此没什么关系。

17.

a. 大多数人没有意识到，他们的生活在一定程度上受偶然事件左右。

b. 世界上根本就没有"运气"这回事。

18.

a. 一个人应该随时准备承认错误。

b. 掩饰错误通常是最佳方式。

19.

a. 想要知道一个人是否真的喜欢你很难。

b. 你有多少朋友取决于你这个人怎么样。

20.

a. 从长远来看，发生在我们身上的坏事和好事是差不多的。

b. 大多数不幸都是缺乏才能、无知，以及懒惰造成的。

21.

a. 有时我实在不明白教师是怎么打出卷面上的分数的。

b. 我学习是否用功与成绩好坏有直接联系。

22.

a. 一个好的领导者会鼓励员工对应该做什么自己拿主意。

b. 一个好的领导者会给每个员工做出明确的分工。

23.

a. 很多时候我感到对自己的遭遇无能为力。

b. 我根本不相信机遇或运气在自己生活中会起到重要作用。

24.

a. 那些人之所以孤独，是因为他们不想表现出友善。

b. 尽力讨好别人没什么用处，喜欢你的人自然会喜欢你。

25.

a. 学校对体育过分重视了。

b. 在塑造性格方面，体育运动是一种极好的方式。

26.

a. 事情的结局如何，完全取决于人怎么做。

b. 有时我感到自己不能完全把控生活的方向。

计分方法：
不计分题目：1、8、14、18、22、25
选 a 计 1 分的题目：2、6、7、9、16、17、19、20、21、23
选 b 计 1 分的题目：3、4、5、10、11、12、13、15、24、26
最高分为 20 分（极端内控者）
最低分为 0 分（极端外控者）
平均分为 10 分（高于 10 分为偏内控者，低于 10 分为偏外控者）

附录 1-3　　正性负性情绪量表

这是一个由 20 个描述不同情感、情绪的词语组成的量表。请阅读每一个词语，并根据你近 1～2 个星期的实际情况在相应的答案上画圈。

表 1-1　正性负性情绪量表

相关词语	A 几乎没有	B 比较少	C 中等程度	D 比较多	E 极其多
1. 感兴趣的					
2. 心烦的					
3. 精神活力高的					
4. 心神不宁的					
5. 劲头足的					
6. 内疚的					
7. 恐惧的					
8. 敌意的					
9. 热情的					
10. 自豪的					
11. 易怒的					
12. 警觉性高的					
13. 害羞的					
14. 备受鼓舞的					
15. 紧张的					
16. 意志坚定的					
17. 注意力集中的					
18. 坐立不安的					
19. 有活力的					
20. 害怕的					

计分方法：全部为正向计分，A 到 E 分别对应 1 5 分。
正性情绪：词语 1、3、5、9、10、12、14、16、17、19，数值越大，情绪越积极；
负性情绪：词语 2、4、6、7、8、11、13、15、18、20，数值越大，情绪越消极。

附录1-4 焦虑自评量表

请仔细阅读下表中每一道题并根据自己最近一周内的实际情况作答,在作答过程中不得漏题,在同一道题上不要耽误太多时间,看完题后根据第一反应作答。整个测评过程应控制在10分钟内。

表1-2 焦虑自评量表

内容	没有或很少时间	小部分时间	相当多时间	绝大部分或全部时间
1. 我觉得比平常容易紧张和着急	1	2	3	4
2. 我无缘无故地感到害怕	1	2	3	4
3. 我容易心里烦乱或觉得惊恐	1	2	3	4
4. 我觉得我可能要发疯	1	2	3	4
※5. 我觉得一切都很好,也不会发生什么不幸	1	2	3	4
6. 我手脚发抖打战	1	2	3	4
7. 我因为头痛、颈痛和背痛而苦恼	1	2	3	4
8. 我感觉容易衰弱和疲乏	1	2	3	4
※9. 我觉得心平气和,并且容易安静坐着	1	2	3	4
10. 我觉得心跳很快	1	2	3	4
11. 我因为一阵阵头晕而苦恼	1	2	3	4
12. 我有晕倒发作或觉得要晕倒的时候	1	2	3	4
※13. 我呼气、吸气都感到很容易	1	2	3	4
14. 我手脚麻木和刺痛	1	2	3	4
15. 我因为胃痛和消化不良而苦恼	1	2	3	4

（续表）

内容	没有或很少时间	小部分时间	相当多时间	绝大部分或全部时间
16. 我常常要小便	1	2	3	4
※17. 我的手常常是干燥温暖的	1	2	3	4
18. 我脸红发热	1	2	3	4
※19. 我容易入睡并且一夜睡得很好	1	2	3	4
20. 我常做噩梦	1	2	3	4

计分方法：

加"※"的为反向计分题，将20题的总分乘以1.25得到标准分，取整数部分。

低于50分：正常；

50～60分：轻度焦虑；

61～70分：中度焦虑；

70分以上：重度焦虑。

附录1-5　自测健康评定量表

自测健康评定量表是指对自己健康状况的主观评价的期望，此评定方法是目前国际上比较流行的健康测量方法之一。

回答问题要求：

本量表由47个问题组成，问的都是你过去四周内的有关情况。每个问题下面有一个划分为10个刻度的标尺，请逐条在标尺上你认为适当的位置以"*"号做出标记。（请注意，每个标尺上只能画上一个"*"号。）

例如：你的睡眠怎么样？

非常差 0—1—2—3—4—5*—6—7—8—9—10 非常好

0 表示睡眠非常差；10 表示睡眠非常好；在 0～10 之间，越靠近 0 表示睡眠越差，越靠近 10 表示睡眠越好；图例标出的答案（"*"号的位置）5 表示睡眠一般。

1. 你的视力怎么样？

非常差 0—1—2—3—4—5—6—7—8—9—10 非常好

2. 你的听力怎么样？

非常差 0—1—2—3—4—5—6—7—8—9—10 非常好

3. 你的食欲怎么样？

非常差 0—1—2—3—4—5—6—7—8—9—10 非常好

4. 你的胃肠经常不适（如腹胀、拉肚子、便秘等）吗？

从来没有 0—1—2—3—4—5—6—7—8—9—10 一直有

5. 你容易感到累吗？

非常不容易累 0—1—2—3—4—5—6—7—8—9—10 非常容易累

6. 你的睡眠怎么样？

非常差 0—1—2—3—4—5—6—7—8—9—10 非常好

7. 你的身体有不同程度的疼痛吗？

根本不疼痛 0—1—2—3—4—5—6—7—8—9—10 非常疼痛

8. 你自己穿衣服有困难吗？

根本不能穿 0—1—2—3—4—5—6—7—8—9—10 无任何困难

9. 你自己梳洗有困难吗?

根本不能梳洗 0—1—2—3—4—5—6—7—8—9—10 无任何困难

10. 你承担日常的家务劳动有困难吗?

根本不能承担 0—1—2—3—4—5—6—7—8—9—10 无任何困难

11. 你能独自上街购买一般物品吗?

根本不能独自出行 0—1—2—3—4—5—6—7—8—9—10 无任何困难

12. 你自己吃饭有困难吗?

根本不能自己吃 0—1—2—3—4—5—6—7—8—9—10 无任何困难

13. 你弯腰、屈膝有困难吗?

根本不能做 0—1—2—3—4—5—6—7—8—9—10 无任何困难

14. 你上下楼梯(至少一层楼)有困难吗?

根本不能上下 0—1—2—3—4—5—6—7—8—9—10 无任何困难

15. 你步行 250 米有困难吗?

根本不能步行 0—1—2—3—4—5—6—7—8—9—10 无任何困难

16. 你步行 1500 米有困难吗?

根本不能步行 0—1—2—3—4—5—6—7—8—9—10 无任何困难

17. 你参加能量消耗较大的活动（如剧烈的体育锻炼、田间体力劳动、搬重物移动等）有困难吗？

根本不能参加 0—1—2—3—4—5—6—7—8—9—10 无任何困难

18. 与你的同龄人相比，从总体上说，你认为自己的身体健康状况如何？

非常差 0—1—2—3—4—5—6—7—8—9—10 非常好

19. 你对未来乐观吗？

非常不乐观 0—1—2—3—4—5—6—7—8—9—10 非常乐观

20. 你对目前的生活状况满意吗？

非常不满意 0—1—2—3—4—5—6—7—8—9—10 非常满意

21. 你对自己有信心吗？

根本没信心 0—1—2—3—4—5—6—7—8—9—10 非常有信心

22. 你对自己的日常生活环境感到安全吗？

根本感觉不出安全 0—1—2—3—4—5—6—7—8—9—10 非常安全

23. 你有幸福的感觉吗？

从来没有 0—1—2—3—4—5—6—7—8—9—10 一直有

24. 你感到精神紧张吗？

根本不紧张 0—1—2—3—4—5—6—7—8—9—10 非常紧张

25. 你经常感到心情不好、情绪低落吗？

从来没有 0—1—2—3—4—5—6—7—8—9—10 一直有

26. 你会毫无理由地感到害怕吗？

从来没有 0—1—2—3—4—5—6—7—8—9—10 一直有

27. 你对做过的事情须经反复确认才放心吗？

从来没有 0—1—2—3—4—5—6—7—8—9—10 一直有

28. 与别人在一起时，你也感到孤独吗？

从来没有 0—1—2—3—4—5—6—7—8—9—10 一直有

29. 你经常感到坐立不安、心神不定吗？

从来没有 0—1—2—3—4—5—6—7—8—9—10 一直有

30. 你经常感到空虚无聊或活着没有意义吗？

从来没有 0—1—2—3—4—5—6—7—8—9—10 一直有

31. 你平时的记忆力怎么样？

非常差 0—1—2—3—4—5—6—7—8—9—10 非常好

32. 你容易集中精力去做一件事吗？

非常不容易 0—1—2—3—4—5—6—7—8—9—10 非常容易

33. 你思考问题或处理问题的能力怎么样？

非常差 0—1—2—3—4—5—6—7—8—9—10 非常好

34. 从总体上来看，你认为自己的心理健康状况如何？

非常差 0—1—2—3—4—5—6—7—8—9—10 非常好

35. 对于在生活、学习和工作中发生在自己身上的不愉快的事情，你能够妥善地处理好吗？

完全不能 0—1—2—3—4—5—6—7—8—9—10 完全可以

36. 你能够较快地适应新的生活、学习和工作环境吗？

完全不能 0—1—2—3—4—5—6—7—8—9—10 完全可以

37. 你如何评价自己在生活、学习和工作中担当的角色？

非常不称职 0—1—2—3—4—5—6—7—8—9—10 非常称职

38. 你的家庭生活和睦吗？

非常不和睦 0—1—2—3—4—5—6—7—8—9—10 非常和睦

39. 与你关系密切的同事、同学、邻居、亲戚或伙伴多吗？

根本没有 0—1—2—3—4—5—6—7—8—9—10 非常多（10个以上）

40. 你有可以与你分享快乐和忧伤的朋友吗？

根本没有 0—1—2—3—4—5—6—7—8—9—10 非常多

41. 你常与你的朋友或亲戚在一起谈论问题吗？

从来不谈 0—1—2—3—4—5—6—7—8—9—10 经常交谈

42. 你与亲朋好友经常保持联系（如互相探望、电话问候、通信等）吗？

从不联系 0—1—2—3—4—5—6—7—8—9—10 一直联系

43. 你经常参加一些社会、集体活动（如工会、学生会、朋友聚会、体育比赛、文娱活动等）吗？

从不参加 0—1—2—3—4—5—6—7—8—9—10 一直参加

44. 在你需要帮助的时候，你能在很大程度上依靠家庭吗？

根本不能 0—1—2—3—4—5—6—7—8—9—10 完全可以

45. 在你需要帮助的时候，你能在很大程度上依靠朋友吗？

根本不能 0—1—2—3—4—5—6—7—8—9—10 完全可以

46. 在你遇到困难时，你会主动寻求他人的帮助吗？

从不主动 0—1—2—3—4—5—6—7—8—9—10 非常主动

47. 与你的同龄人相比，从总体上来看，你认为你的社会功能（如人际关系、社会交往等）如何？

非常差 0—1—2—3—4—5—6—7—8—9—10 非常好

自测健康评定量表的评分及测试注意事项

1. 自测健康评定量的构成

由10个维度47个条目组成，涉及个体健康的生理、心理和社会关系三个方面，其中1～18条组成自测生理健康评定子量表，19～34条组成自测心理健康评定子量表，35～47条组成自测社会健康评定子量表。

2. 自测健康评定量的计分方法：

有10个反向评分条目、37个正向评分条目。健康总体自测维度，即10个维度中的4个条目不参与子量表分和量表总分的计算，将以分类变量的形式进行独立分析，如效标关联效度研究等。维度分、子量表分、量表总分是基于47个条目的重新评分计算的，具体计算方法如下：

表1-3 自测健康评定规则

维度	条目表	重新评分	维度分的计算	子量表分	量表总分
身体症状与器官功能	7	正向评分条目有：1、2、3、6 反向评分条目有：4、5、7	1+2+3+4+5+6+7	自测生理健康子量表分 1+2+3+4+5+6+7+8+9+10+11+12+13+14+15+16+17	自测健康评定量表总分 1+2+3+4+5+6+7+8+9+10+11+12+13+14+15+16+17+19+20+21+22+23+24+25+26+27+28+29+30+31+32+33+34+35+36
日常生活功能	5	正向评分条目有：8、9、10、11、12	8+9+10+11+12		
身体活动功能	5	正向评分条目有：13、14、15、16、17	13+14+15+16+17		
正向情绪	5	正向评分条目有：19、20、21、22、23	19+20+21+22+23	自测心理健康子量表分 19+20+21+22+23+24+25+26+27+28+29+30+31+32+33	
心理症状与负向情绪	7	反向评分条目有：24、25、26、27、28、29、30	24+25+26+27+28+29+30		
认知功能	3	正向评分条目有：31、32、33	31+32+33		
角色活动与社会适应	4	正向评分条目有：35、36、37、38	35+36+37+38	自测社会健康子量表分 35+36+37+38+39+40+41+42+43+44+45+46+47	
社会资源与社会接触	5	正向评分条目有：39、40、41、42、43	39+40+41+42+43		
社会支持	3	正向评分条目有：44、45、46、47	44+45+46+47		

附录 1-6　　生活事件量表

下表中是每个人都可能遇到的一些日常生活事件，究竟是"好事"还是"不好的事"，可根据个人情况自行判断。这些事件可能对个人有精神上的影响（体验为紧张、压力、兴奋或苦恼等），影响的轻重程度各不相同，影响持续的时间也不一样。请根据自己的情况，实事求是地回答下列问题。

表 1-4　　生活事件量表

编号	生活事件名称	性质		发生时间			影响持续时间/次数				精神影响程度				备注	得分
		好事	不好的事	未发生	一年前	一年内	长期	三个月内	半年内	一年内	一年以上	无影响	轻度影响	中度影响	重度影响	极重影响		
	家庭有关问题																	
1	恋爱或订婚																	
2	恋爱失败、关系破裂																	
3	结婚																	
4	怀孕（爱人）																	
5	流产（爱人）																	
6	家庭增添新成员																	
7	与爱人、父母不和																	
8	夫妻感情不好																	
9	夫妻分居（因不和）																	

（续表）

编号	生活事件名称	性质	发生时间	影响持续时间/次数	精神影响程度	备注	得分
10	性生活不满意或独身						
11	两地分居（工作需要）						
12	一方有外遇						
13	夫妻重归于好						
14	超指标生育						
15	做绝育手术（爱人）						
16	配偶死亡						
17	离婚						
18	子女升学（就业）失败						
19	管教子女困难						
20	子女长期离家						
21	父母不和						
22	家庭经济困难						
23	欠债50000元以上						
24	经济情况显著改善						

（续表）

编号	生活事件名称	性质	发生时间	影响持续时间/次数	精神影响程度	备注	得分
25	家庭成员重病或重伤						
26	家庭成员死亡						
27	本人重病或重伤						
28	住房紧张						

工作及学习中的问题	好事	不好的事	未发生	一年前	一年内	长期	三个月内	半年内	一年内	一年以上	无影响	轻度影响	中度影响	重度影响	极重影响		
29	待业、无业																
30	开始就业																
31	高考失败																
32	扣发奖金或罚款																
33	个人成就突出																
34	晋升、提级																
35	对现在工作不满意																
36	工作、学习中压力大（如成绩不好）																
37	与上级关系紧张																
38	与同事、邻居不和																
39	第一次远走他乡																

(续表)

编号	生活事件名称	性质	发生时间	影响持续时间/次数	精神影响程度	备注	得分
40	生活规律有重大变化（饮食、睡眠）						
41	本人退休、离休或未安排具体工作						
社交及其他问题		好事 / 不好的事	未发生 / 一年前 / 一年内 / 长期	三个月内 / 半年内 / 一年内 / 一年以上	无影响 / 轻度影响 / 中度影响 / 重度影响 / 极重影响		
42	好友重病或重伤						
43	好友死亡						
44	被人误会、错怪、诬告、议论						
45	介入民事法律纠纷						
46	被拘留、受审						
47	失窃、财产损失						
48	意外惊吓、发生事故、自然灾害						
你经历的其他重要事件，请依次填写		好事 / 不好的事	未发生 / 一年前 / 一年内 / 长期	三个月内 / 半年内 / 一年内 / 一年以上	无影响 / 轻度影响 / 中度影响 / 重度影响 / 极重影响		
49							

（续表）

编号	生活事件名称	性质	发生时间	影响持续时间/次数	精神影响程度	备注	得分
50							
51							
52							
53							
54							
55							

测评结果统计

表1-5 生活事件量表统计结果

项目	得分	项目	得分
正性事件值		家庭有关问题	
负性事件值		工作及学习中的问题	
总值		社交及其他问题	

计分方法：
一次性的事件，如流产、失窃，要记录发生次数；长期事件，如住房拥挤、夫妻分居等，不到半年记为1次，超过半年记为2次。
影响持续时间分为三个月内、半年内、一年内、一年以上共四个等级，分别记1、2、3、4分；精神影响程度分为5级，从无影响到极重影响，分别记0、1、2、3、4分。

生活事件刺激量的计算方法：
（1）某事件刺激量 = 该事件影响程度分 × 该事件持续时间分 × 该事件发生次数
（2）正性事件刺激量 = 全部好事刺激量之和
（3）负性事件刺激量 = 全部坏事刺激量之和
（4）生活事件总刺激量 = 正性事件刺激量 + 负性事件刺激量

结果解释：总分越高，反映个体承受的精神压力越大。95%的正常人一年内的测评总分不超过20分，99%的正常人测评总分不超过32分。负性事件的分值越高，对人身心健康的影响越大，正性事件分值的意义，尚待进一步的研究。

02

压力是
如何产生的

压力是如何产生的

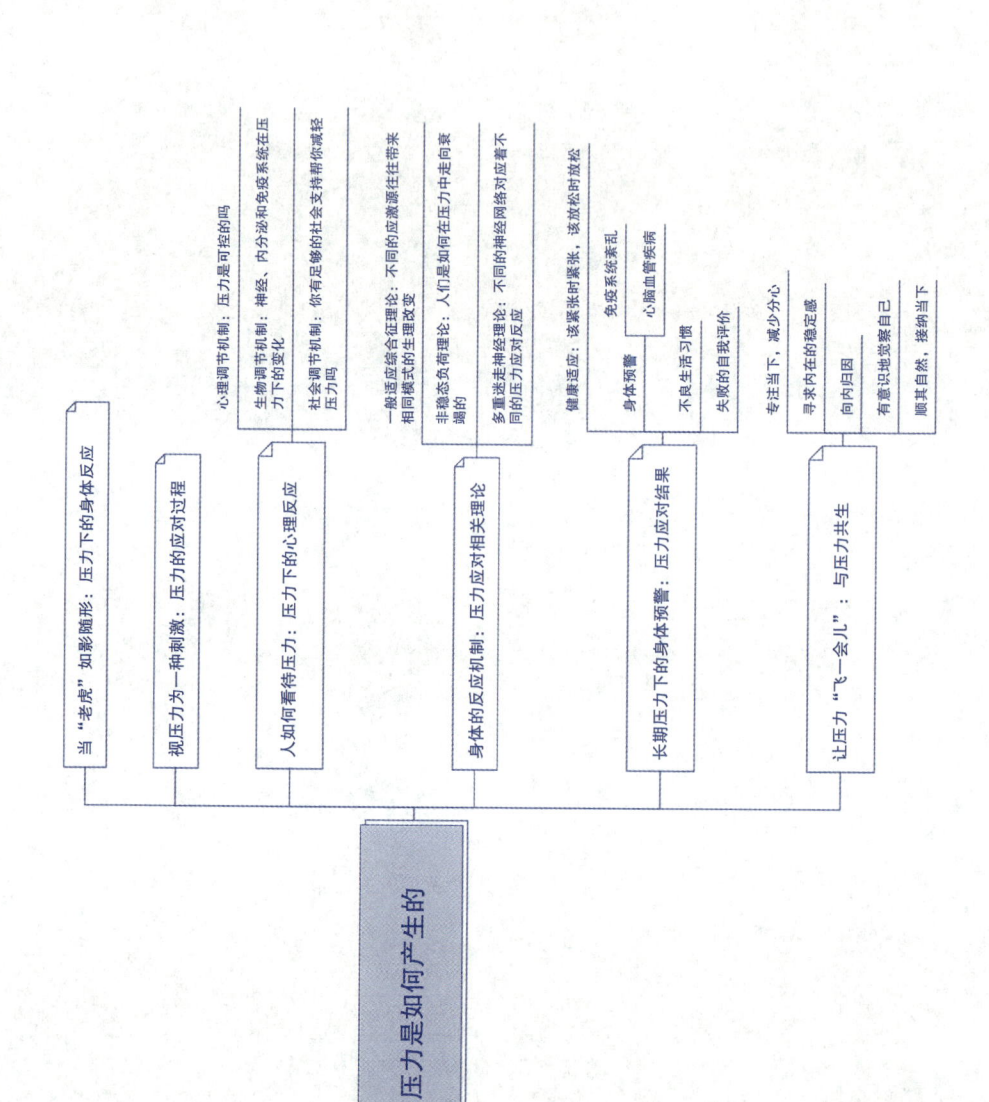

当"老虎"如影随形：压力下的身体反应

视压力为一种刺激：压力的应对过程

人如何看待压力：压力下的心理反应
- 心理调节机制：压力是可控的吗
  - 生物调节机制：神经、内分泌和免疫系统在压力下的变化
  - 社会调节机制：你有足够的社会支持来帮你减轻压力吗

身体的反应机制：压力应对相关理论
- 一般适应综合征理论：不同的应激源往往带来相似模式的生理改变
- 非稳态负荷理论：人们是如何在压力中走向衰竭的
- 多重迷走神经理论：不同的神经网络对应着不同的压力应对反应

长期压力下的身体预警：压力应对结果
- 健康适应：该紧张时紧张，该放松时放松
  - 免疫系统紊乱
  - 心脑血管疾病
- 身体预警
  - 不良生活习惯
  - 失败的自我评价

让压力"飞一会儿"：与压力共生
- 专注当下，减少分心
- 寻求内在的稳定感
- 向内归因
- 有意识地觉察自己
- 顺其自然，接纳当下

引言

我们在生活中经常听到这样一些对话：

"最近有些上火。"

"感觉最近有些失眠。"

"毕业论文要答辩了，最近肠胃总是不好。"

——"是不是压力太大了呀？"

在上一章我们介绍过，压力是一个人无力应对自己的心理、生理、情绪及精神受到威胁时，所产生的一系列生理反应及适应现象。每当我们的身体出现一些状况时，人们就会下意识地归结为压力大。其实这是有道理的，我们的身体在面临压力时的确会做出一系列应对和反应。

案例

小P最近和父亲之间出现了矛盾。小P今年刚刚大学毕业，面临找工作的问题。小P对互联网产业比较感兴趣，想去一些互联网大企业试试。他把这一想法告诉父亲后，父亲大发雷霆，认为他的思维太过幼稚，像互联网这种企业，人到了35岁就会遇到职业发展瓶颈，最理想的出路应该是去考公务员，进体制内。小 P 尝试说服父亲支持自己，但是父亲态度强硬，并放话说如果他不考公务员就别和自己谈。小 P 非常生气和无奈，但又无法释放自己的压力。自从这件事发生后，小 P 情绪变得非常低落，并且一直发低烧，不久后还得了一般只在儿童期发病的水痘，每天头昏脑涨，随着压力的持续增加，身体也慢慢变差了……

在现实生活中，这样的例子还有非常多，比如说一考试就拉肚子、伤心到呕吐、任务太多的时候口腔溃疡等。人在面临压力的时候通常会出现一些生理症状，那么，其背后的原理是什么呢？

当"老虎"如影随形：压力下的身体反应

压力是心理压力源与心理压力共同反应构成的一种认知与行为体验过程，在英文中译为 stress，也叫作应激，指一种消极的情绪体验，同时伴随着可预测的生理及认知行为的变化，这些变化要么直接改变应激事件，要么是对应激效应的一种适应。

从进化的角度看，人类祖先在很长一段时间内都面临生存威胁，即一种急性应激，比如有老虎在后面追你，不逃跑就会被吃掉，所以人们应对危机更倾向于采取"战斗或逃跑"策略。随着时代的发展，人们的生产力和生活水平有了巨大飞跃，急性应激较为少见，人们更常经历的是慢性应激，即"老虎"如影随形，但并不会立刻吃掉你，这导致机体的警觉水平持续增高（主被动注意力增强），机体时刻处于"备战备逃"的状态。当代的压力问题是传统的压力应对方式在当代压力环境中不能"与时俱进"的结果。

那么，当我们面临压力时，到底是什么东西在推动我们的身体做出诸如心跳加速、失眠等一系列不"理性"的活动？这就需要进一步探究压力的神经生物学机制，让大家认识到压力的内在原因究竟是什么，从而有助于学习如何从心理和行为层面去减压。接下来我们将对急性、慢性压力的反应机制，长期慢性压力下的身体变化及机制，以及知觉压力对压力的影响及其生理机制进行简单介绍。

视压力为一种刺激：压力的应对过程

压力并不是什么可怕的事情，可以把它理解为一种刺激。任何一种外部环境对我们来说都是刺激，需要我们去做一些应对，只不过现实生活中的大部分刺激都是偏负性的，所以我们会在潜意识里认为压力是不好的东西。

人对压力的应对，总体来说可以概括为以下过程（见图2-1）：外部环境刺激带来心理压力源，通过压力中介产生心理压力反应，导致一定的应对结果。

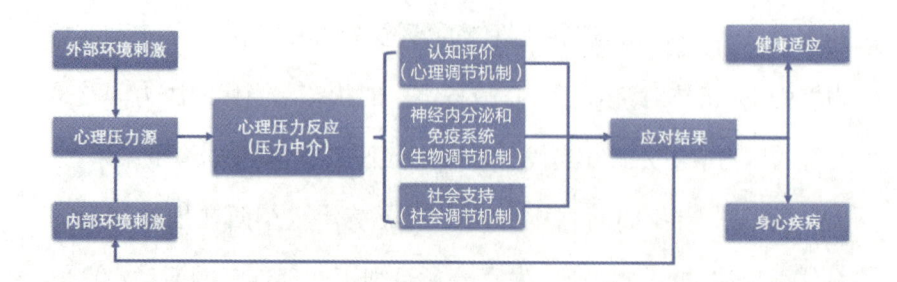

图 2-1 人对压力的应对过程

人如何看待压力：压力下的心理反应

心理压力反应包含心理调节机制、生物调节机制以及社会调节机制三个方面。社会调节机制主要指社会支持，即当今人们在社会上生存面临的各种各样的压力，以及人们身处的社会环境能否起到对压力的缓冲作用。如果社会支持充裕，那么我们在面对同等压力时，对压力的感受就会相对好一些，个人应对能力就会更强一些，但这不是本章介绍的重点。接下来我们将详细介绍压力的心理调节机制以及生物调节机制，这两者是紧密相关的。

（一）心理调节机制：压力是可控的吗

心理调节机制，即认知评价。不同的人对同一件事情可能有着不同的看法和评判，例如看见窗外樱花盛开，有的人会觉得心情被美好的风景治愈；有的人却被唤起自己悲伤的往事，从而心情郁闷。实际上，大多数外部环境刺激都是中性的，个体对刺激的评价会带来不同的应对结果，这便是个体知觉的差异，它涉及了一个压力在认知上的概念——知觉压力。

知觉压力（perceived stress）受到越来越多研究者的重视。卡马克（Kamarck）等将知觉压力定义为个体将刺激事件知觉为有压力的程度，将刺激事件知觉为压倒性的、势不可挡的、无法控制的感受认定为其核心特点。[1]

人们的认知评价体系由两个部分组成：初级评价是指个体在某一事件发生时，立即通过认知活动判断其是否与自己有利害关系；次级评价即如果个体通过初级评价判断事件与自己有关系，则立即会对个人能力以及事件是否可以改变做出估计。

两种评价都是体验事件压力的必需条件。当一个人察觉到事件的威胁时，如果对自己拥有的应对手段充满信心，就不会体验到压力反应。事件的认知评价在生活事件与压力反应之间起到了十分重要的作用，但认知评价本身也会受到其他各种因素的影响，如压力源的可预期性、压力源的可控制程度、个体的人格特征、个体的生活经历、当时的身心状态等。认知评价会对压力的性质做出评定，如压力有无威胁、压力客观事件的严重性、自身的能力、局面的控制类型、行为的自我控制、认知思维活动的自

---

1 Kamarck, T., Mermelstein, R., & Cohen, S. A global measure of perceived stress[J]. Journal of Health and Social Behavior, 1983, 24(4): 385-396.

我控制、环境的控制等。

案例中的小P为什么和父亲争吵后导致身体变差，很大程度上是因为他将这种矛盾知觉为难以控制和解决的一种威胁，并且以他当时的能力和状态，并没有信心克服压力来实现自己想要的生活，所以这件事情变成了一个极为严重的应激事件，最终使得身体付出了代价。

知觉压力的机制有着特定的神经生物学基础。研究发现，与压力相关的脑区包括前额叶皮质（眶额叶、背外侧前额叶、前扣带回、内侧前额叶）、边缘系统（海马体和杏仁核）和脑干等大脑结构。对压力的知觉和反应与这些脑区特定的神经回路有关，如果人们对于某一中性刺激做出过度的反应，例如有人对他人的批评过度敏感，情绪很容易受他人影响，尤其在过往的成长经历中，他人的批评与低自尊感之间形成了一条特定的神经回路，这种知觉和反应就会变得非常顽固。

同时压力对大脑也有相应的反作用，小胶质细胞和星形胶质细胞是"定居"在脑实质中的固有免疫细胞。正常情况下，它们处于不活跃状态，维持中枢神经系统正常组织稳态的作用。但长期的慢性压力会导致外部免疫机能下降，血脑屏障被破坏，外周免疫细胞渗入大脑，带动小胶质细胞和星形胶质细胞的炎性反应，进一步削弱"前额叶皮质、边缘系统"的认知功能，即产生"神经炎症反应"，降低大脑的学习、记忆和认知调节能力。

（二）生物调节机制：神经、内分泌和免疫系统在压力下的变化

生物调节机制包括神经、内分泌和免疫系统三个部分。

心理—神经中介机制通过交感神经——肾上腺髓质轴急性调节（见图2-2）。交感神经与副交感神经相当于紧张与放松的关系，交感神经的作用包括心率加速、瞳孔放大、抑制唾液分泌、血压升高、支气管扩张、胃肠道的蠕动减缓等。白天的时候机体更容易调动交感神经的兴奋，而放松的时候则是副交感神经在发挥作用。相应地，交感神经系统发挥作用时，会让心脏做功增强；而越是放松的时候，心脏功能越低。其反映的是，我们是在危急的状态下求生存，还是在安全的状态下求生长、去复原的过程。

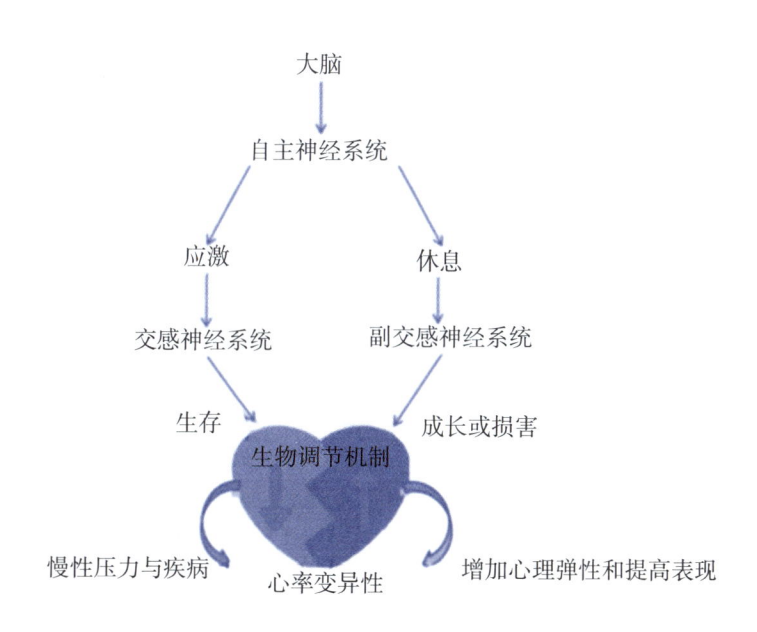

图2-2 神经系统的调节

交感神经系统还有一个作用是刺激肾上腺素分泌。肾上腺素包括皮质醇、肾上腺素、去甲肾上腺素等，作用是让心脏收缩、心率加速。这种生理反应更多地出现在一种急性应激情况下，比如当生命受到威胁时，你不得不采取一些反应来和外界进行战斗，肾上腺素就开始发挥作用了。这种情况更多地发生在远古时期人类生存受到野生动物威胁的情况下。像案例中小P面临的是个人发展与自我成长的压力，是一种现代和慢性的应激源，因此如果改变，须涉及下面内分泌系统的调节。

心理—神经—内分泌中介机制通过下丘脑—垂体—肾上腺轴进行调节（见图2-3）。内分泌机制与神经机制的区别在于，神经机制调节是直接点对点、一对一进行的反应；内分泌是弥漫性的，作用不太明显，但是范围非常广泛，你无法感受到身体的哪个部位受到了影响，但是全身会整体性地被影响。当机体处于紧张状态时，神经机制带动心脏、肌肉等活跃起来应对危机，同时内分泌机制帮助机体保持一种适合战斗的状态。在内分泌机制中，下丘脑影响垂体，最终促进肾上腺分泌出皮质醇。皮质醇的作用在于操控情绪，让人保持紧张的状态，另外还能够维持免疫机能，控制炎症反应，保持血压正常，蓄积能量，尽可能减少能量消耗。由此，在内分泌机制中，肾上腺素让机体兴奋起来，皮质醇让全身的能量调动起来，让人保持警觉，以集中全身的资源去应对危机。人之所以在压力大的时候会出现上火、口腔溃疡、

肾上腺轴

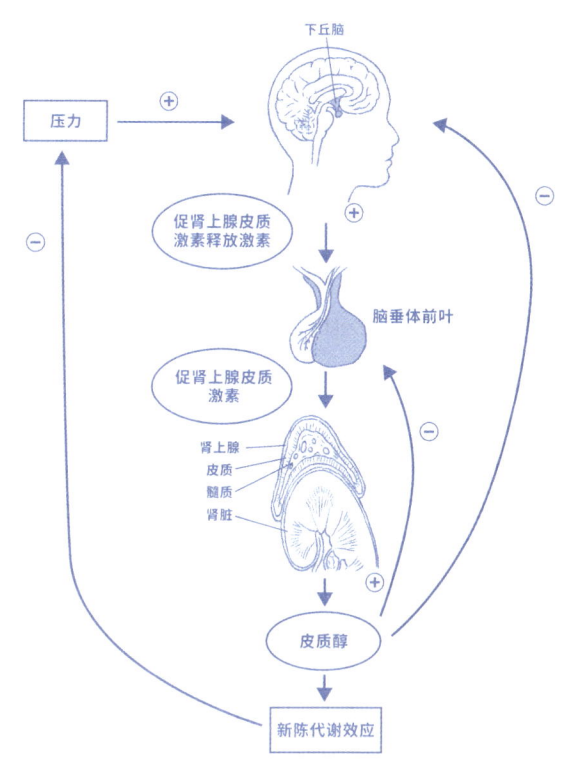

图 2-3　内分泌系统的调节

肠胃炎等各种身体部位的炎症反应，其实都是皮质醇在作祟。如果人长期处在压力的状态下，免疫系统就会持续保持紧张状态，产生一些慢性症状。小 P 的身体出现问题，更多的也是压力状态下免疫功能下降而导致的。

身体的反应机制：压力应对相关理论

塞利对暴露在不同应激环境（如严寒、疲劳等）中的实验鼠的生理反应的研究发现：不同类型的应激源会带来相同模式的生理改变，如肾上腺皮质增生、胸腺和淋巴结萎缩、胃和十二指肠溃疡等。他还进一步提出了一般适应综合征（General Adaption Syndrome）。[1] 该理论能够很好地解释一个现象：现在的压力环境和远古时代的已经完全不一样了，为什么机体应对压力的反应机制却还是相同的？机体在面对应激源的时候会本能地调动自身资源去应对，这种应对本身是非特异性的，即无论机体面临怎样的压力，我们身体的反应方式都是一样的。

以当前人们广泛面临的职场压力为例，在急性应激的职场环境中，员工要经常经历睡眠剥夺，或者突然接受一个高强度的工作任务，这种环境下员工的猝死风险非常高，因为交感神经系统和肾上腺需要经常性地兴奋，从而会给心脏造成较大的负担；而在慢性应激的职场环境中，如工作强度相对较低但是规则繁多、晋升受限或者人际关系紧张等环境下，个体通常会分泌大量的皮质醇，损伤身体的各个系统，致使员工的慢性病发病率显著升高。

1　Selye, H.Stress and the general adaptation syndrome[J]. British Medical Journal, 1950, 1(4667): 1383-1392.

根据一般适应综合征的理论，压力应对的过程包括三个阶段（见图 2-4）。第一个阶段是警戒期，即机体被调动起来面对压力的过程。第二个阶段是抵抗期，这个时期机体会努力地去应对威胁，与威胁对峙。如果机体没有办法战胜威胁，那么在反复努力的过程当中，身体的资源将被一点儿一点儿耗尽，出现衰竭的状态，从而进入第三个阶段——衰竭期。这是所有的压力应对情境中，个体生理反应的共通过程。

为了描述应激对机体的长时间作用机制，即我们如何从应激的警戒状态进入衰竭状态，现代应激理论对一般适应综合征理论有了进一步的阐述，即非稳态负荷——机体偏离自身稳态的程度。在非稳态负荷状态下，机体的自主神经系统和肾上腺轴等神经、内分泌调节系统调动全身资源进行积极应对，不同的应对

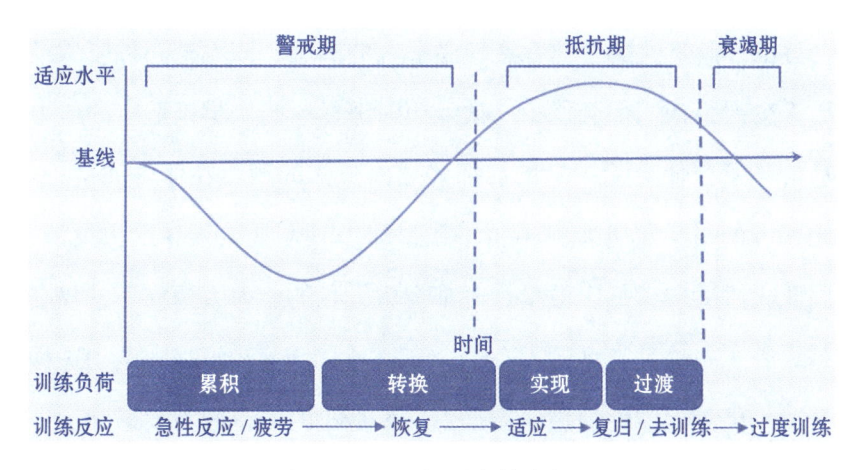

图 2-4　一般适应综合征

类型导致不同的应对结局。健康的应对带来健康的结局，而非健康的应对则带来不同的病理性结局。不同的个体应对能力不同，这一方面与先天的机体状况有关，也与后天的针对性训练适应有关。

非稳态负荷共包括四种类型。第一种类型，指儿茶酚胺分泌体系过度敏感，导致机体在反复的压力中多次负累。即在同样的压力环境之下，这类机体释放的肾上腺素和皮质醇总是比别人要多，继而加大身体能量的损耗。比如有些女孩子采取非健康减肥的方式，会让自己时刻处于一种很紧张的状态中，这样的女孩子虽会很瘦，但却属于非常不健康的瘦弱。

第二种类型，指机体缺乏对同类应激源应对的适应性，以致延长了机体达到稳态的时间。面对同样的压力事件，个体在第一次经历时通常紧张程度最高，但随着经历次数的增多，紧张程度会逐渐缓解。这类个体存在应激适应的困难，即无论同种应激经历多少次，他们都会像第一次经历时那样紧张。早该适应的压力适应不了，便会无端地增加那些损伤身体的激素在体内的蓄积。比如有的员工尽管工作干得不错，却仍然经常被领导严厉批评，因此无法适应，每次被批评时都会想，我的能力太糟糕了，我真是太笨了。这种类型的人心情会变得异常低落和沮丧。遇到这种情况，更具适应性的想法应是：这不是我的错，因为我遇到了一个过于严苛的领导，遭受他的批评也很正常。

第三种类型，指机体在应激事件结束后，缺乏自行终止非稳态负荷反应的能力。应激事件已经结束了，但是放松不下来。比如在日常生活中人们受到惊吓，非常紧张，事件发生后大概有两三天晚上睡觉不踏实，有些更严重的则可能在更长的时间内都放松不下来，持续保持一种警戒的状态，缺乏自行终止反应的能力。

第四种类型，指机体在非稳态负荷中呈现低反应性，例如有一部分人在面对压力时反映自己完全调动不起全身精力，也紧张不起来，体内的皮质醇和肾上腺素水平非常低，表现出所谓的"佛系"。这并不是一件好事，因为这种情况会诱发其他代偿的增强，比如皮质醇分泌少的时候，炎性细胞分泌会增加。其中的一些人看起来好像非常平和，做什么事情都不紧不慢，但是经常会被一些自身免疫性疾病所困扰，如甲状腺疾病、皮肤疾病等，这其实都是机体自身的炎性细胞分泌增加所造成的。

史蒂芬·波戈斯（Stephen Porges）在 1995 年提出了多重迷走神经理论。他认为，副交感神经系统分为背侧迷走神经网络和腹侧迷走神经网络，它们能分别引起两种不同的反应。当你遭遇环境带来的压力时，首先会激活腹侧迷走神经网络，针对压力源进行社会交流、情绪表达或者自我安慰，让内心回到平静状态。如果这一策略应对无效，你的大脑就会启动交感神经系统，采取战斗或主动逃避的应对策略。如果仍然无效，则最终会激活背侧迷走神经网络,这时你会感到无助、沮丧和绝望,从而采取木僵、被动回避甚至自我毁灭的应对策略。研究表明,深呼吸、与他人建立联结、对自己进行共情关注,甚至想象出一种安全感和亲密感,都能够激活腹侧迷走神经网络,并且会同时激活前额叶皮层,让你可以平静而清晰地思考,有效地应对你所面临的压力。

长期压力下的身体预警:压力应对结果

长期慢性应激的情况会对身体带来什么样的影响呢?

一方面会带来直接的生理影响,导致一系列临床症状。人处于应激状态时,会努力进行应对,并做出一系列调节。最健康的应对是在该紧张的时候紧张起来,在不该紧张的时候说放松就能放松下来,这是最自然的状态,最能实现对压力的健康适应。所以,如果调节得当,就会达到一种压力稳态的负荷状态;而当调节不好时,人的皮质醇和肾上腺素持续分泌,机体总是处于警戒状态,就会出现焦虑、抑郁、易怒、失眠、头痛等症状。

同时由于炎性细胞被控制,容易导致机体免疫系统混乱,罹患肿瘤之类的自身免疫性疾病。血压长时间保持较高状态,会导致血管弹性下降,出现高血压、冠心病等疾病。压力和个体的身体素质对疾病的发生同时起作用，在压力的作用下，体内比较脆弱的系统首先发病；在应对压力时，反应最灵敏、活动强度和频率最高的器官最易患病。综上所述，长期慢性应激是慢性病的温床。

另一方面，长期慢性应激会带来一些不健康的生活习惯，存在双向调节的过程。比如突然有一个紧急的工作任务，为了熬夜需要喝咖啡或抽烟提神，这就增加了不健康的行为。正念静观的理论中存在一个疲惫或"耗竭漏斗"的概念，即在压力状态下，人们会放弃一些耗费时间的行为，如健身、游泳、登山等可以让自己放松的活动被搁置，反而留下压力事件，最终压力会越来越大，而放松的方法越来越少，于是产生抑郁、职业倦怠等问题。

此外，知觉压力对压力结果的影响也不同。正念静观理论体系中有"第二支箭"的概念，即在面对挫折时的自我负性评价，会成为自己射向自己的"第二支箭"。面对同样的外部压力，你不将其定义为压力，也会在一定程度上减少压力对你的影响。你在面对困难时的信念、态度、信心和紧张松弛程度等影响着压力对你的影响结果。如何对待、理解和处理压力源，也受到人格特质的影响，如外控型人格认为自己在压力面前是无能为力的；内控型人格相信自己可以控制这个过程，不容易将刺激知觉视为压力。

让压力"飞一会儿"：与压力共生

第一，人在压力状态下，通常容易导致注意力不集中，因而需要专注当下、减少分心，这实际上是减少额外的大脑消耗和知觉压力的偏差。

第二，寻找内在的稳定感，例如学习正念静观、善用呼吸来调节情绪和增强内心的平和。比如当你拿到考试卷子、当你马上要面对答辩、当你即将要面对求职的时候，不要急着开始行动，可以先将事情放下，然后深呼吸，找到自己内在的稳定感。当我们稳定下来的时候，做很多事情就不着急了。

第三，向内归因，提高自身的主观能动性，可以更好地面对压力环境。

第四，有意识地觉察以下方面：

（1）在可以放松下来时，有意识地觉察自己的心是否放下了；

（2）在需要紧张时，通过有意识地觉察自己的情绪而回归真正的理性；

（3）在劳累时，通过有意识地觉察自己的呼吸和身体，帮助自己回到内在的稳定与平衡中。

第五，顺其自然，接纳当下。不急于马上改变一切让你感到不如意的事情，让压力"飞一会儿"。接纳并不完美的现实，将注意力回到当下，将压力转为持久的动力。

以上这些方法的本质都在于提高自己的掌控感。现代压力管理的思路在于，外部环境可能难以改变，人们不可能完全放松下来，我们要学习的是如何在紧张的状态下，心理仍然可以保持比较放松的状态，实现"与压力共舞"。

小结

通过回顾对压力生理机制的探讨，我们不难发现，人的身心其实是一个紧密结合的整体。压力作为一种心理上的体验，可以通过复杂多样的生理机制对人的身体产生显著的影响。反过来，这些影响又会表现为生理上的症状，继续带给人心理上的压力。这就提示我们要辩证地看待压力。一方面，我们要意识到很多慢性身体疾病的源头其实在于心理压力，只有解决了源头问题才能彻底摆脱疾病的困扰；另一方面，我们也要学会在日常生活中进行压力管理，把健康的概念扩展到身与心两个层面。在当代生活环境下，我们大多数人在很多时候都处于一种慢性应激状态，这更加要求我们通过一些正念冥想的方法来缓解压力，以避免自己的身心陷入亚健康之中。

附录

附录 2-1　正念减压

关于正念减压练习，最为著名的就是 1979 年麻省理工学院荣誉教授卡巴金提出的正念减压法（Mindfulness-Based Stress Reduction，MBSR）。[1] 在 24 年中，有超过 18000 名患者参与了这个正念减压项目。医学检验结果表明，在经过此项目后，参与的人群中有医学疾病症状的人减少了 35%，有心理问题症状的人减少了 40%（连续 4 年保持以上稳定状态）。

下面介绍正念减压中一些非常简单有效的方法。

（1）盲眼食物静观

对一种食物（最典型的是葡萄干），通过手指的触感、鼻子的嗅觉、耳朵的听觉，试着感受这种食物的特性。最后放入口中，由舌头的味觉体察，感觉放入口中的食物是什么。

（2）身体扫描

躺下或坐着，让身体在最为放松自在的环境里，先从注意呼吸开始，安静身心，将注意力集中在鼻尖，留意吸气时身体因呼吸发生的变化。接着，主导正念的人员以话语引导学员把注意力放在五官、肩颈、躯干、四肢等部位，然后感受各个部位的知

1　Hölzel B. K., Carmody J., Vangel M., et al. Mindfulness practice leads to increases in regional brain gray matter density[J]. Psychiatry Res，2011，191(1): 36-43.

觉，最后留意全身有向知觉。在这个过程中，学员如果有分心，产生杂念，都没有关系，学员也不需要责怪自己，只需将念头再拉回来即可。

（3）步行冥想

对平时的走路方式，人的内心并不会有任何的体察行为。在走路的过程中导入正念，把注意力放到身体上，或者留心周遭听到或感觉到的事物的变化。

（4）观息冥想

感受自己的呼吸，留意自己使用身体哪些部位呼吸。如果分心了，需要把注意力带回到呼吸上面。

（5）正念聆听

在保持正念呼吸的方式下，将注意力集中在听觉上，聆听背景声音，同时留心觉察自己内心的状态。

脑电仪

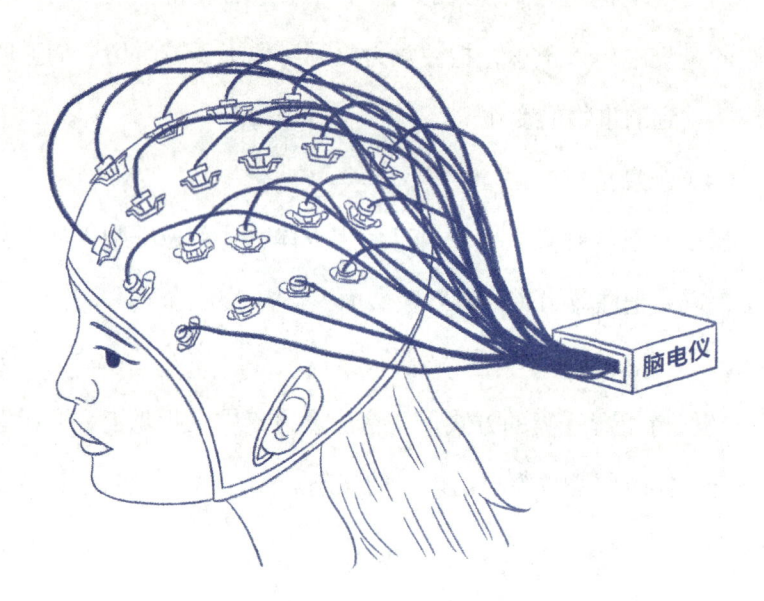

03

压力引起的
情绪之愤怒

压力引起的情绪之愤怒

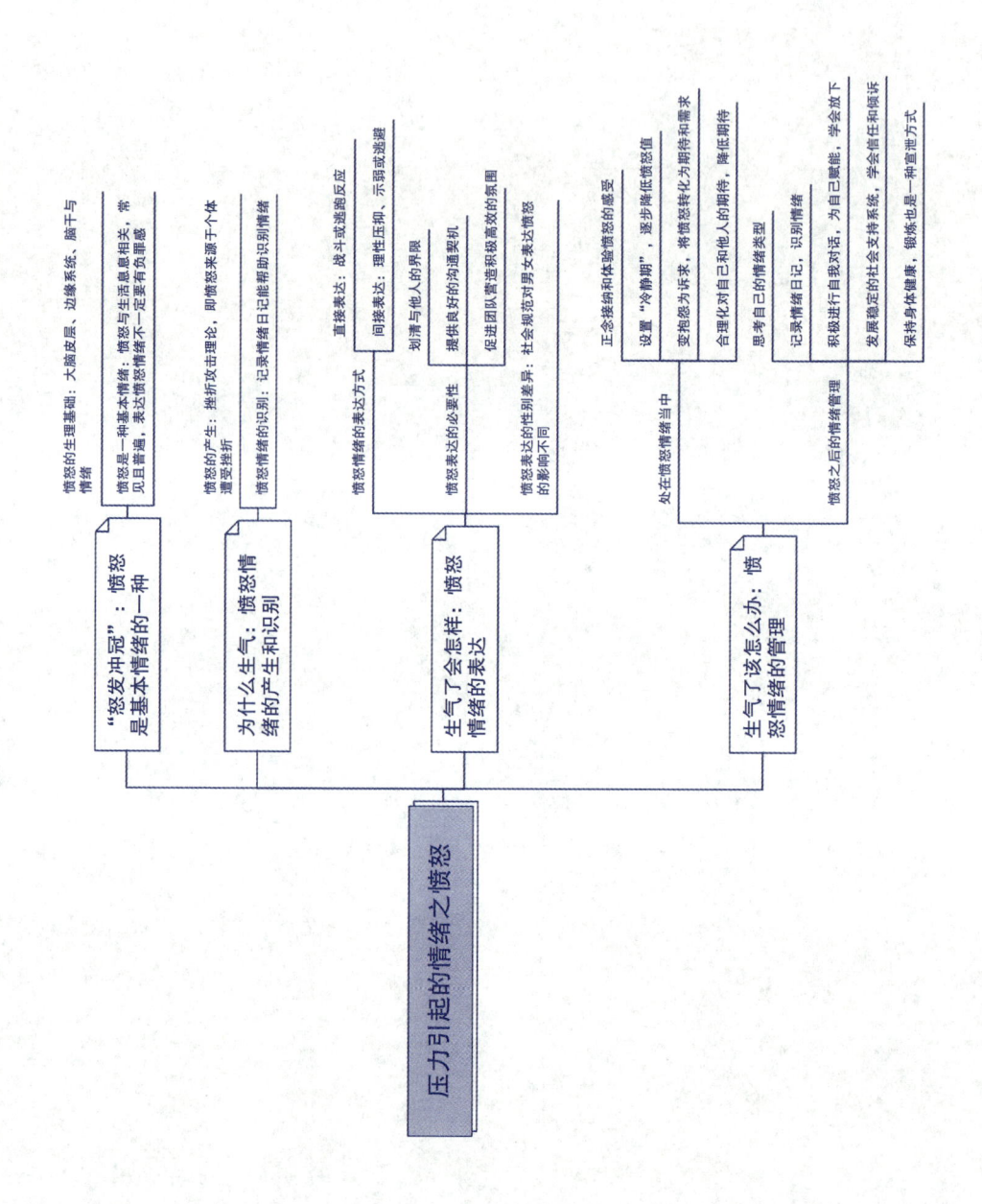

"怒发冲冠"：愤怒是基本情绪的一种
- 愤怒的生理基础：大脑皮层、边缘系统，脑干与情绪
- 愤怒是一种基本情绪；愤怒与生活息息相关，常见且普遍，表达愤怒情绪不一定要有罪感

为什么会生气：愤怒情绪的产生和识别
- 愤怒的产生：挫折攻击理论，即愤怒来源于个体遭受挫折
- 愤怒情绪的识别：记录情绪日记帮助识别情绪

生气了会怎样：愤怒情绪的表达
- 愤怒情绪的表达方式
  - 直接表达：战斗或逃跑反应
  - 间接表达：理性压抑、示弱或逃避
- 愤怒表达的必要性
  - 划清与他人的界限
  - 提供良好的沟通契机
  - 促进团队管理积极高效的氛围
- 愤怒表达的性别差异：社会规范对男女表达愤怒的影响不同

生气了该怎么办：愤怒情绪的管理
- 处在愤怒情绪当中
  - 正念接纳和体验愤怒的感受
  - 设置"冷静期"，逐步降低愤怒值
  - 变愤怒为诉求，将愤怒转化为期待和需求
  - 合理化对自己和他人的期待，降低期待
  - 思考自己的情绪类型
- 愤怒之后的情绪管理
  - 记录情绪日记，识别情绪
  - 积极进行自我对话，为自己赋能，学会放下
  - 发展稳定的社会支持系统，学会信任和倾诉
  - 保持身体健康，锻炼也是一种宣泄方式

引言

　　愤怒是一种常见的情绪。本章将向大家介绍愤怒的产生、识别和表达等内容，让大家能更全面、更科学地理解它。同时，介绍一些愤怒情绪的管理策略，比如记录情绪日记，这些策略相对实用，在日常生活中也具备一定的可操作性。通过阅读本章，希望大家能够尝试着与"愤怒"相处，合理地掌控自己的情绪。

案例

　　2003年，美国弗吉尼亚理工大学发生了一起校园暴力事件。凶手是该校的一名韩国留学生，他在校园里枪杀了23人。这是一种非常极端的愤怒表达，源自情绪的压抑，他平时没有表现出来的攻击性在这一刻疯狂爆发。据校方透露，在校园生活中，这名学生平常表现得沉默寡言、忍气吞声、逆来顺受，他在人际关系互动中的愤怒情绪始终没有得到有效的宣泄。

　　相关研究也发现，很多犯罪分子往往具有一个共同的特点——平时对自己的情绪管理很糟糕，他们往往用压抑的方式来处理自己的攻击性。我们借助这个例子来说明愤怒情绪的产生以及合理化表达愤怒情绪的重要性。在日常生活中，及时识别自己的情绪并学会以合理的方式表达愤怒，是非常重要的。由本例开始，下面是本章对于愤怒情绪的分析。

"怒发冲冠"：愤怒是基本情绪的一种

（一）愤怒的生理基础

压力情绪中的愤怒情绪，具有一定的生理基础，和我们的大脑——下丘脑边缘系统和大脑皮层——有关。大脑分为三个层面：首先是大脑皮层，即常说的人类新皮层，与理性认知相关；其次是边缘系统，即哺乳动物脑，是与高级情绪有关联的；再往下是脑干，称为爬行动物脑，是最原始的大脑成分。愤怒和恐惧都是较原始的情绪之一，是和脑干关联最紧密的情绪表达，因此具有进化意义，是人类和动物赖以生存的保护性情绪。然而，从生理的角度来说，人过度压抑或者是过度表达愤怒情绪时，都有可能产生疾病。例如过度压抑，和癌症发病高度相关；而过度表达，则易引发心血管疾病。

经典的压力反应模式最早是由心理学家坎农（Gannon）提出来的[1]。人们在面对压力时通常的反应是"fight or flight"，即战斗

1　Cannon, W. B. The business man and his health[J]. The Journal of the American Medical Association, 1932, 98(26): 2311.

或者逃跑反应。战斗或者逃跑，既可能是一种自动化的、条件反射式的反应，也可能会涉及我们面对压力时的认知和判断，例如把压力当成威胁还是挑战，不同的认知会有不同的行为表现。压力反应还可能会有性别上的差异，女性面对压力的反应可能和男性不太一样，不一定选择战斗或逃跑的模式，而是表现出关心和友好的善意行为，她们会通过建立自己的社会支持系统，来尝试应对不愉快的事件或情境。

（二）愤怒情绪

众所周知，人类有许多种情绪，包括我们常提到的基本情绪"喜怒哀惧悲恐厌"，还有忧愁、嫉妒、仇恨等复合的情绪状态。本章重点分析愤怒情绪以及对愤怒情绪的管理。

愤怒，是和我们的生活息息相关的一种基本情绪。基于生理基础的分析，可以发现愤怒是所有的动物，包括人类在内，所共有的一种和生存相关的情绪。从情绪上来讲是愤怒，从行为上来说是攻击。弗洛伊德认为攻击性是人类的重要驱力，人的攻击性是需要得到宣泄的。如果在一个人身上感觉不到任何的攻击性，也可能是一件很麻烦的事，因此，需要探究一下这个人的攻击性去了哪里。

此外，在日常生活中表达愤怒的时候，我们不一定要有负罪感。比如在人际关系或亲密关系中，当你有了愤怒的情绪，此时你可以告诉对方。如果这个时候不表达愤怒，而是一直忍着，那等你忍不住的时候，后果会非常严重，一个简单的玩笑可能就会让你失控。平时不痛不痒的"刺激"，也可能会在关键的时刻形成具有杀伤力的行为。

所以，表达愤怒是很正常的，但是要适度，要尊重客观事实。例如，不要说"你永远都不知道帮我一把""你从来都没有看过孩子"，绝对化的陈述表达会过于情绪化，扭曲事实，导致对方的对抗，不利于解决问题。

另一种情况是，你不表达愤怒，而将这些愤怒情绪转向对自己的攻击，引发自责、内疚、抑郁等情绪，甚至会导致自伤、自残、自杀行为。因而，平时合理地、有效地进行愤怒表达，才是良性的情绪管理方式。

还想强调的一点是，在亲密关系中，伴侣之间很重要的就是能够消化对方的情绪，包括愤怒情绪。换句话说，一方在一定程度上会作为另一方的"出气筒"和"替罪羊"，要有一个容器去接收另一方没有办法处理的情绪。只不过这个容器是有限度的，无法接收淹没性的、吞噬性的、过度的不良情绪。

为什么生气：愤怒情绪的产生和识别

（一）愤怒的产生

本节我们将聚焦愤怒以及它是如何引发攻击性行为的。愤怒是怎么产生的呢？首先，我们可以结合自身回顾一下，每天面对的人，无论是伴侣、孩子，还是朋友、父母、导师、同事，在和他们的相处中，在某些特定场合下，我们的愤怒到底是从哪儿来的。对弗吉尼亚理工大学校园枪击案中凶手的作案动机，分析如下（见图3-1）。

图3-1 弗吉尼亚理工大学校园枪击案凶手作案原因分析

达尔文很早就提出，愤怒往往来自人们遭遇的挫折。比如，当孩子歇斯底里地哭闹的时候，家长感到遭受了挫折，火冒三丈，此时家长很可能会产生一种攻击性倾向，"真想揍他一顿"。当司机在道路上驾驶时，遭遇他人强行并线，会因为生气而引发愤怒情绪，从而表现出"攻击"行为，会产生"一定要给他点儿颜色看看"的情绪，从而做出诸如超车等的行为。这就是我们常说的"路怒症"。有学者就通过实证研究揭示了驾驶员在驾驶时由于路况情境而产生愤怒情绪的普遍性。[1]

人表达愤怒的方式是有差异的，有时候用语言表达，有时通过攻击行为来表达。语言表达可能是这样的，比如你生气的时候，会很冲动地跟另一半说"我们分手吧，你不配和我在一起"，或者恶语中伤对方，"你就是个人渣""世界上的男人都死光了我也不会嫁给你"。这些语言会引发另一半的对抗和攻击。在行为层面，表达愤怒既可能以破坏财物、肢体伤害等主动、直接的方式，也可能以拒绝配合、不予理睬等被动的方式。因此，在很多情况下，后者对关系的破坏性更隐蔽、更严重。

愤怒的原因还可能是控制感的丧失，这也是一种受挫。比如有这样一项实证研究，探究了受挫对愤怒情绪产生的影响。研究者设置在线约会的场景，设定实验条件，控制被试者每一次约会的结果，使得被试者无论怎样投入，把自己装扮得多么潇洒、多么有魅力，表现得有多好，最终都会遭到对方的拒绝，即每次都会让被试者遭受挫折，使约会失败[2]。实验结果显示，这种状态会

---

1 严利鑫, 吴超仲, 高嵩, 等. 驾驶人个体因素对驾驶愤怒情绪影响关系研究[J]. 交通信息与安全, 2013, 31(6): 119-124.
2 Andrighetto, L., Riva, P., & Gabbiadini, A.Lonely hearts and angry minds: Online dating rejection increases male (but not female) hostility[J]. Aggressive behavior, 2019, 45(5): 571-581.

引发被试者的一些挫折感，尤其对男性来讲这种感受更强烈，会让被试者产生极端愤怒的情绪以及攻击性行为。原因是男性认为女性在浪漫关系中的拒绝是对其内在男性身份和社会权力的严重威胁。因此，当一个人感到对人际关系的控制受到威胁时，愤怒的情绪会被激发，甚至会将愤怒与攻击的对象从特定的个体转移到整个女性群体。

（二）愤怒情绪的识别

和单一愤怒情绪相关的，还有一些复合情绪。回顾自身经验，我们会发现其实有些情绪是和愤怒相关联的，我们要学会觉察这些情绪，之后才能更好地认知和处理。比如可以通过情绪日记的方法，把平常所接触到的压力事件、由压力事件引发的反应，包括情绪方面的反应以及认知层面的反应，还有个人的应对行为，都做一些记录，帮助我们更好地觉察自己心理状态的变化。

表 3-1　情绪日记的格式

日期	事件	身心状态	想法	反应	结果
2020-4-30	路上碰见领导，他一眼都没看我。	情绪：尴尬；焦虑；内心烦。身体：肌肉紧张，身体发凉。	"准是我前两天开会迟到，领导生我气了，完了，我要失去工作了。"	快步离开这里。	在工作中畏畏缩缩，害怕和领导说话。

另外，我们还需要知晓的一点是，人的情绪变化是非常迅速的。可能在一秒的时间内，人们就会经历非常丰富的情绪变化，这些变化不仅体现在情绪的种类上，也体现在强度上。如果用高速摄像机去追踪人在碰到压力事件之后情绪反应的变化，成像结果会是一个很精细的情绪谱系，甚至以百分之一秒为单位播放，可以看到一些非常细腻的变化。如果情绪的起伏变化能被自己觉察到，那将是非常有意义的，这对训练自己对情绪的觉察能力和监控能力非常有必要，也有助于自己逐渐感觉到对情绪的掌控，提高对情绪的管理能力。

生气了会怎样：愤怒情绪的表达

（一）愤怒情绪的表达方式

首先应该认识到，愤怒并不一定会引起即时的攻击行为。人类是唯一具有理性的生物，可能会采取非即时的攻击方式。如果攻击不是即时的，而是一直在积累，那么这个积累的过程就会破坏自己的身体健康状态。还有的人会将愤怒升华，转化为对自我的激励，促进目标的达成。

再有，愤怒并不一定会引发攻击行为，例如上文中我们提到，最经典的压力反应是战斗或逃跑。有研究表明，对女性来讲，愤怒可能并不会引发她们的攻击性行为，她们大多选择逃避，或者通过示弱和关爱来化解愤怒的情绪[1]。从这个角度来看，女性似乎在愤怒情绪的管理方面比男性更具灵活性。

（二）愤怒表达的必要性

在很多情况下，愤怒的表达能够帮助自己正常地开展工作和生活，并有所收获。

首先，我们可以通过愤怒表达来达到划清界限的目的。父母和孩子之间经常通过向彼此表达愤怒来划清界限：在假期或者居家期间，如果父母随意进出孩子的房间，进而翻东西，看孩子的手机，每天盯着孩子睡觉和起床的时间，面对父母的如上行为，很多孩子会反应比较激烈，"你不要进我的房间，不许动我的东西"，他们会朝父母大声吼叫，以警示不允许父母下次再这么干。人和人之间的边界越相对模糊，界限就越不太清晰，如父母经常"侵入"孩子的物理和心理空间，此时，孩子做出直接的表达，有助于双方划清界限，维护自己的尊严。

其次，愤怒表达也是一个很好的沟通契机。表达总会胜过忽略与冷战。在愤怒的表达背后总是隐藏着未被满足的需求，人们习惯于对他人生气发火，但不习惯直接说出自己的内在需要，我

---

[1] 王瑶. 生理周期与个体攻击性对女性识别愤怒——恐惧情绪的影响 [J]. 健康研究，2020，40(4): 399-403.

们可以从对方的愤怒中解读出他想要被认同、被看见、被关注、被支持的种种需要。

最后，在工作场景下，适当表达愤怒情绪对团队氛围的营造也会有积极影响，例如可以提高团队成员的紧迫感和竞争力，以应对外部环境的变化，有助于团队在讨论时形成张力，相互碰撞，产生更好的想法。而团队领导适度表达愤怒，也有利于维护他们的权威，并且提升团队成员的绩效水平。[1]

所以，适当的愤怒表达是很有必要的。我们要鼓励当事人对于愤怒的表达，身边的人也要予以接纳。例如，对于一个患有抑郁症的人，康复训练中很重要的一点是让他能够学会表达愤怒，同时保证在他的社会支持体系里面，至少有一个人能够接受和包容他的愤怒。在咨询和治疗过程中，遇到任何一个有抑郁症症状的人，首先就是要让他能够充分地表达。此外对家属来讲，要学会去接受亲人的情绪起伏变化。

（三）愤怒表达的性别差异

愤怒表达是有性别差异的。对于同一件事，男性和女性在内心所体验到的压力量级和表达方式都存在差异。对男性来说，愤怒的产生，或者说暴力行为的产生，一部分原因是社会不提倡男

---

[1] Parke, M.R., & Seo, M.G. The role of affect climate in organizational effectiveness[J]. Academy of Management Review, 2016, 42(2): 13-14.

性去感受自己、贴近自己。男性很少去尝试贴近自己内心很细腻的情绪，假如一位男性有情感细腻的特征，他可能会被别人诟病，被指责缺乏男子汉气概。因此，这个人若表达激烈的愤怒情绪可能是由过往情绪的压抑所导致的。

而女性则被社会规范教导不要出现过多的愤怒情绪，因此女性一旦表达愤怒，往往就和社会规则期望的温柔、善良、贤惠等特征不太匹配。所以女性表现的方式可能是唠叨和抱怨。值得注意的是，某些女性对表达愤怒存在一些羞耻心，这导致一些女性由于愤怒所造成的身心障碍会比男性严重。

生气了该怎么办：愤怒情绪的管理

本节将会介绍关于愤怒的情绪管理。总体来看，存在处在情绪当中和处在情绪之外两种情境，相应地也有不同的情绪管理策略。前述校园枪击案中凶手的情绪管理策略，分析如图3-2所示。

图3-2 前述校园枪击案中凶手的情绪管理策略

（一）处在愤怒情绪当中

我们处在愤怒情绪中时，可以通过以下策略来管理自己的愤怒情绪。首先是学会正念减压，试着接纳和体验自己所有的感觉，学会有建设性地表达。心理学有关研究表明，最容易患上与压力相关疾病的，往往是那些不能直接表达愤怒的人。换句话说，不要忽视、回避和压抑自己的感受，尤其是愤怒的情绪，它需要被中和，并用创造性的表达来抵消，比如可以用美食"犒劳"自己，或者通过合适的运动进行宣泄。

其次是给自己设置情绪"冷静期"，逐步降低愤怒值。想要表达愤怒时，不要立即做出反应，可以试着数 10 个数、站起来活动一下，或者喝一杯水、深呼吸，使用描绘心理意象等方法，使自己放松和平静下来。当你愤怒地大喊大叫时，不可能进行理性的思考和对话，此时可能需要"暂停"一下，让自己从当时的情境中跳出来，恢复冷静。"暂停"非常有助于确认你的感受，同时还能让你对环境有全面的审视。

此外，你还应该学会思考自己的愤怒，试着变抱怨为诉求。比如当你对同事或家人感到失望时，你可以把指责转化为你的期待和需求，在这个过程中去寻找解决问题的机会，而不是抓住问题不放。愤怒可能会带来很多能量，可以思考一下，怎样才能更好地利用这种能量。

最后，很重要的一点是，学会更加现实地对自己和他人予以期待。许多愤怒之所以产生，是因为我们对自己和对他人的期待过高。当我们对他人期待过高，而他人不能达到要求时，我们就会觉得受挫、被激怒。此时，要学会重新评估自己的期待，在你将指责别人的话脱口而出之前，先确认自己的感受，学会通过调整自己的感知来评估客观情况，这对于消除愤怒情绪很重要。

（二）愤怒之后的情绪管理

在愤怒情绪产生之后，可以通过一些方式进行情绪管理。首先，你可以思考一下自己的愤怒类型。比如，你的愤怒类型是主动型的还是被动型的？你是控制型的人还是爆发型的人？你是易爆发者、自我惩罚者还是隐藏者？这些方面都可以加深对自己的了解。先要了解自己属于哪种愤怒类型，之后再留意是什么让你发怒以及你愤怒时的反应。

其次，一个有效的方法是记录情绪日记，正如上文提到的那样，学习监控自己的愤怒情绪并预先应对。可以把你的愤怒记录在日记里甚至日历上，写下你生气的时间以及原因，尝试去发现自己的愤怒情绪是否有可预测的趋势等。当发觉自己有情绪波动时，多问问自己为什么，或许在观察几次之后，可以找到导致你处于愤怒"临界点"或"沸点"的环境和行为模式。在此基础上，可以提前预测一些能引起自己愤怒的情境。学会识别这些情境，就可以选择可行的方案，尽可能减少接触这些情境的机会。比如与父母交流时、在遇到交通拥堵时，提前识别哪些可能引发愤怒的情景，这样可以更理性地规划时间，绕开即将发生的恼人情况。

还有，可以通过积极进行自我对话的方式，给自己心理暗示，让自己学会放下，学会宽恕。宽恕也是愤怒管理的重要组成部分，要学会试着去原谅自己糟糕的情绪体验。

此外，发展一套稳定的社会支持系统也很重要。寻找几个你可以信任或者可以倾诉的亲密朋友，或许他们可以提出不同的视角或客观的看法。这样，你在表达时就能对他人反馈的信息碎片进行加工整理，从而形成对问题更为清晰的理解。

最后，很容易被我们忽视但确实很重要的一点，就是保持身体健康。研究表明，身体健康的人更容易从愤怒中恢复过来；也有研究表明，锻炼作为一种宣泄的手段，对有效地处理愤怒情绪是有益的。坚持有节制的饮食、有规律的锻炼，给自己独处的时间，甚至多放声大笑等都是合理的减压方式，能够让人们更好地对待当下情境。

小结

在以上内容里，我们结合相关研究，讲解了愤怒情绪的内容，包括愤怒作为一种基本情绪的属性、愤怒的产生和觉察，以及愤怒情绪的表达。更重要的是，我们还介绍了一些实用的管理愤怒情绪的策略，对这些策略的学习和掌握有助于读者与愤怒情绪相处，让它不再成为成长中的绊脚石。

附录

附录 3-1　观察与描述情绪表

提交日期：　　　　姓名：　　　　情绪出现日：

请选择一种当下或最近的情绪反应，并尽可能完成这张表格的内容。本表格尽量只记录单一的情绪，如果一种情绪是由于另一种情绪引起的（比如感到害怕而引发对自己的愤怒），那么对另一种情绪也填写一张相应的表格。

情绪名称：

情绪强度（0～100分）：

情绪的促发事件（人/事、时间、地点）：是什么促发了这种情绪？

脆弱因子：在这之前，发生了什么事情使我在促发时间变得如此敏感和脆弱？

_____

对此情景我是怎样理解的？（包括信念、假设、评价等）

_____

我的身体感受到了什么？（包括面部和身体感受如何）

_____

冲动行为：在此情境和情绪下，我想做什么？我想说什么？

_____

我的身体反应是什么？（包括面部表情、手势、姿势等是什么样的）

_____

在此情境下我说了什么？（说了什么具体明确的话）

_____

在此情境下我做了什么？（做了什么具体明确的事情）

_____

这个情绪给我带来了什么体验？（对我的心理状态、行为、想法、记忆和身体状态有什么影响）

_____

附录 3-2　　情绪日记

提交日期：　　　　姓名：　　　　情绪出现日：

请在下面的表格里记录某种情绪（一天中最强烈、持续时间最长，或者最痛苦、最让你印象深刻的那种情绪），利用此表格分析该情绪。如有需要，可以和观察与描述情绪表配合使用。

表 3-2　情绪日记表

情绪	动机	与他人沟通		与自己沟通	
情绪名称	情绪引发我做了什么？（我的情绪目标是什么？）	我如何对他人表达情绪？（我的表情、语言和行动是什么？）	我的情绪给他人传递了什么信息？	我的情绪对他人有什么影响？	我的情绪对内心有什么触动？对我来说意味着什么？	我该如何核对事实？

附录 3-3　　情绪改变的优缺点分析

提交日期：　　姓名：　　情绪出现日：

情绪名称：　　情绪强度（0～100）：练习前：　　练习后：

当你遇到如下情形时，请试着记录：

·决定要改变无效的情绪。

·不愿意放下某些情绪或心结。

·决定减少对特定事件的情绪反应。

・不愿意做出有效行动。

在填写时，请尝试思考下列问题：

・仅仅依靠情绪来生活（随心所欲），是否能让你获得最大利益？

・拒绝情绪调节和情绪改变，会带来新的问题吗？

・在某些情境下，执着于你目前采用的情绪调节策略，一直是有效的吗？

・降低当下的强烈情绪，是否意味着你不自由了？

・情绪调节意味着你需要付出很多吗？

请根据以上问题，在下面的表格里列出停留在目前的情绪和情绪调节策略下选择的情绪调节行为，以及这二者各自存在的优缺点。

表 3-3　情绪调节策略表

类型	停留在情绪中，情绪化地行动	调节情绪与情绪行为
优点		
缺点		

填完表格之后，你愿意做出调整吗？

_____

你如何处理你的情绪？

_____

你的决定符合你的内心吗?

附录 3-4　　情绪调节的相反行为策略

当你的情绪不符合事实,或者伴随着行为出现的情绪是无效的时,便可采取相反行为来进行情绪调节。每种情绪都会伴随相应的冲动性行为,你可以通过与冲动行为相反的行为来改变情绪。比如:

表 3-4　相反行为策略表

情绪	冲动行为	相反行为
愤怒	攻击	温和地避开 / 与人为善
恐惧	逃跑 / 逃避	靠近 / 不逃避
悲伤	退缩 / 孤立	积极互动
羞愧	躲藏 / 逃避	接纳 / 沟通

如何采取相反行为策略(七步骤)?以愤怒情绪为例。

步骤一:识别,并为你想改变的情绪命名(比如愤怒情绪)。

步骤二:核对事实,核对你的情绪是否与事实相符合,以及情绪的强度是否与事件本身的程度相符合。比如你在驾驶汽车时,忽然有人并线,进入你的车道,你出现短暂的愤怒情绪是符合事实的,但是爆发"路怒症"则不符合事实。如果情绪是符合事实的,那该情绪就是合理的。

类似的事件容易引发愤怒情绪的情境和事实包括：重要目标或想要的活动被中断或被阻止；你或你关心的人受到攻击、责备和伤害；你或你关心的人被他人侮辱或威胁；你的尊严或地位在你所在的"圈子"里受到冒犯或威胁，以及其他情境。

步骤三：识别和描述你的冲动行为。 比如短暂的愤怒和口头攻击。

步骤四：询问自己，冲动行为在这一情境中是否有效，是否有利于解决问题。 比如短暂的愤怒，甚至对不守规矩者的口头发泄，不会影响驾驶安全，也不会影响通行效率，那么这一冲动行为就是有效的。

如果情绪不符合事实，冲动行为就是无效的。 比如在他人强行并线事例中，你如果选择踩油门撞上并线的车辆，那么这一冲动行为就是无效的。

步骤五：思考与冲动行为相反的行为是什么。

步骤六：做出这一相反行为。

步骤七：持续做出这一行为，直到情绪转变，问题得以解决。

相反行为是采取与你愤怒时的冲动行为相反的行为，包括：（1）温和地避开让你感到愤怒的人或事，而不是去攻击对方；（2）选择暂停、暂时离开，也可以深呼吸，让自己在生理上平复下来；（3）选择宽以待人，而不是使用恶劣和侮辱的态度。

附录3-5 积累正向情绪七步骤

步骤一：不回避、不逃避。现在就开始去做可实现自己想要的生活的事。可以列举生活清单，比如散步、参观展览、开始写作、玩拼图、爬山等。

步骤二：确认自己的价值观。询问自己：生活中现阶段的我，真正需要的是什么，或者对我来说真正重要的价值观是什么？是金钱、是家人，还是身体？等等。

步骤三：确认一个现在可执行的价值观。询问自己：现在对我而言什么是最重要的？比如，金钱。

步骤四：确认跟价值观有关的几个目标。询问自己：有哪些具体的、可以执行的目标会使得金钱这一价值观成为自己人生的一部分。比如，找到一份自己可以有所作为的工作、给自己制订3年或5年的工作规划等。

步骤五：选择一个现在可执行的目标，进行优缺点分析。比如，如果想投身金融行业，那么需要找到一份跟行业有关的工作。

步骤六：确认朝着目标的行动步骤。可以问自己，该如何去找到想找的工作？比如，如果是学生，可以先完善简历，还可以登录学校的就业招聘网站。

步骤七：现在就采取行动。比如，可以立刻去浏览就业网站，或查看就业信息。

04

压力引起的
其他情绪

压力引起的其他情绪

恐惧情绪：当危险马上来临时

- **恐惧情绪来源**：进化而来的应对"危险"的天然本能
- **恐惧情绪功能**：动员机体"战"或"逃"，但过于强烈时也可能让人"僵住"
- **常见的恐惧情绪类型**
  - 失败恐惧：挫败与恐惧的恶性循环
  - 未知恐惧：缺乏信息、信念与判断力导致的自我妨碍
  - 死亡恐惧：过度泛化的安全感缺失
  - 疏离恐惧：预设的排斥、敌意与疏离
  - 失控恐惧：对掌控自我命运的无力感
  - 拒绝恐惧：无法相信自己是值得被爱的
- **应对恐惧情绪——认知行为模型**
  - 系统脱敏法：逐级暴露
  - 暴露脱敏法：安全直面
  - 坚定自信训练：增强自信，从容应对

焦虑情绪：当未来令人紧张不安时

- **焦虑情绪的来源与功能**：对未来不利条件的提前准备
- **焦虑情绪的影响**：感知到他人对表现的监测带来的压力

悲伤情绪：当损失不可挽回时

- **悲伤情绪的来源与功能**：促进反思，深化共情
- **悲伤情绪的影响**："假设相似性"带来的互动陷阱

抑郁情绪：当多种情绪交织时

引言

谈及压力情绪，除了愤怒，恐惧、焦虑与悲伤也是绕不开的话题，毕竟它们是我们日常生活中常见与普遍的情绪体验。它们有其生理、心理与社会基础，在特定情境下有类别之分，也具备信号功能。但当其对我们正常的社会功能（工作或学习）产生显著消极性的影响时，甚至演变为症状（例如焦虑症、恐惧症以及抑郁症）时，就需要我们及时进行干预。与此同时，这也提示我们在平时就要做好压力管理，尤其是养成对情绪的觉察、接纳与疏解的习惯。

案例

Z先生很害怕开会、聚会等场合，一旦知道要和一群人待在一起就会担心、焦虑，特别在意别人对自己的看法，害怕自己出丑；被他人注视的时候心跳加快，一瞬间会出一身汗；常感觉自己与环境格格不入，无法放松，不敢和别人开玩笑或互动，甚至路上也害怕突然碰到熟人，总感到紧张、不自在，不知道说什么。对于自己的社交困难，Z先生感到非常挫败，为自己不能建立和维持良好的人际关系的孤独处境感到悲伤。由于感觉社交恐惧对自己的人际交往以及职业发展有极大影响，Z先生最终决定前来求助。

咨询师对Z先生进行心理教育，介绍情绪的来源及功能等知识，让Z先生的自信心有所提升。与此同时，咨询师也与Z先生共同探讨了恐惧的发生、发展过程，恐惧情境下的想法与感受，找到了Z先生对自我、对他人及对社会不自信的根源，帮助Z先生提升认知灵活性。之后咨询师采用系统脱敏疗法帮助Z先生，并与Z先生一同列出他在不同社交情境中的焦虑等级清单，通过想象暴露、实景暴露以及内在感暴露等方法循序渐进逐级多次训练。最终，Z先生在社交情境中的焦虑、恐惧等情感反应强度逐渐下降到正常限度，人际交往与工作也逐渐恢复到正常状态。

下面我们将具体介绍恐惧、焦虑、悲伤以及抑郁情绪的来源、功能与类型，在对这些压力情绪有了基本的了解与认识后，我们总结出了一些应对策略。

恐惧情绪：当危险马上来临时

（一）恐惧情绪来源——神经生理基础

恐惧有其神经生理基础，大脑接收信息后判断为"危险"，边缘系统中的杏仁核（恐惧中枢）激活脑干与自主神经系统，引发一系列生理反应，因此恐惧在遇到威胁和做出防御反应之间起到一种调节作用。例如，Z先生在社交场合的恐惧反应就是对头脑中的灾难化预设进行的应对。那么恐惧是一种由进化而来的天然本能吗？

勒杜（LeDoux）2017年做的一项研究，是让圈养的（从未在野外生存过的）黑猩猩识别一些可以诱发恐惧的事物的图片，例如愤怒面孔、蛇、几何图形，还有一些日常元素（例如猩猩的手），观察它们的恐惧反应。[1] 最后的研究结果表明，这些黑猩猩对蛇的恐惧反应是最强烈的。这与那些在野外环境中生存的黑猩猩反应一致，即从社会交往角度来看，同类的愤怒面孔虽然可能诱发恐惧，却不一定会有生存威胁，但蛇可能对生命产生直接威胁。研究者对此的解释与荣格的"集体潜意识"概念不谋而合，即我们的基因里可能留存着过去祖先们对于某些事物的经验的痕迹，例如黑猩猩对蛇的恐惧的经验，但这只

---

[1] LeDoux, J. E. Semantics, surplus meaning, and the science of fear[J]. Trends in Cognitive Sciences, 2017, 21(5): 303-306.

是一种推论。

（二）恐惧情绪功能——动员应对生存威胁

我相信，每一位读者都曾体验过恐惧情绪，这种情绪会让我们产生一系列不舒服的生理反应：心跳加速、呼吸急促、胸口憋闷、手心冒汗……可是你知道吗，恐惧情绪是有功能性的。恐惧会帮助人们注意到环境中潜在的威胁，对于人类生存至关重要。通过直接经验或者间接经验的社会传播，人们习得了具有生存意义的恐惧反应，进而选择战斗或逃跑。

例如，有研究者对婴儿做过视崖实验，探究孩子对高处的深度知觉（掉下去会摔坏）是天生的还是后天的。具体实验过程是，让婴儿靠近一个罩了玻璃的深渊，发现婴儿的心跳有显著变化，验证了人们对深度的知觉很可能是天生的，表明恐惧反应是**对人们行动起来应对生存威胁的提示。**

也有研究者做了一个经典的现场实验研究。在悬崖当中架了一座吊桥，让实验组被试者通过吊桥走过去，让对照组被试者从别的正常的地方走过去。研究结果表明，被试者的恐惧程度越高，越有可能表现出**更多的亲社会行为（利他行为）**，这说明恐惧在客观上有一定的积极作用。

这个规律在我们的日常生活中也可以看到，比如我们可能很喜欢坐过山车或者玩蹦极等，玩这些，并不是因为我们特别享受那种恐怖的过程，实际上它们很难受（我们的大脑系统告诉我们：它们很危险），但是回到地面之后，我们看到自己的同伴会感觉无比亲切，庆幸自己还活着。这证明了恐惧可能会给我们带来一些"唤起"，例如让我们更加快乐，更加满足，更加感恩生命。这也是很多人喜欢看恐怖片的原因，即这种恐惧刺激能带来生理唤起（兴奋），甚至有时也是缓解焦虑的好办法。

但也有研究者发现，当恐惧带来的焦虑水平过高时，可能会带来负面影响，即面对危险时我们可能也会出现僵住（freeze）的反应。2010年的一项元分析研究表明，过强的患癌恐惧可能阻碍了癌症筛查和就医求助行为，使人错失更好的康复机会[1]。造成这一现象可能的原因是人对癌症过于恐惧。例如看到家人、朋友或其他人在患癌症后所承受的痛苦，让人感到极强的死亡焦虑，可能就会讳疾忌医，对疾病视若无睹。

因此，在日常生活中，当焦虑感、恐惧感过强时，我们**可能会陷入"卡住"的状态，有效行为受到阻碍**。比如当任务太多，工作压力太大时，人们可能反而会什么都做不下去。再如Z先生，他就是因对一些可能的消极社交体验的回避而阻碍了自己正常的社交互动，进而影响到生活的方方面面。因此，我们需要学

1　Dubayova, T., van Dijk, J.P., Nagyova, I., et al. The impact of the intensity of fear on patient's delay regarding health care seeking behavior: a systematic review[J]. Int J Public Health, 2010, 55(5): 459–468.

会识别恐惧情绪类型，并学会和恐惧情绪相处。

（三）常见的恐惧情绪类型

失败恐惧： 当一个人要尝试新的或比较有挑战性的事物时，可能做得不是特别好，然后遭遇挫折。与此同时，原有的期待落空，自我价值感降低，导致此人去做这件事时，也不想做出努力，因为此人已经产生了对失败的恐惧，陷入恶性循环之中。

一个典型例子是，脱口秀演员需要抛给观众很多"哏"，但是有可能由于准备得不那么充分，在台上表演的时候效果不是特别好，该笑的时候大家不笑，令其产生挫败感，以后他每次回想起失败情景，就感觉如果自己现在做一定会失败，不想再去努力，对再次登台产生心理阴影（失败恐惧）。

Z先生也是由于担心之前人际交往中的挫败重现，因此每每恐惧，陷入恶性循环之中。有效的策略是转换思考方式，聚焦自己怎么去解决在失败中遇到的问题，然后通过充分的准备获得自信，克服失败恐惧。

再比如，有人在做报告时会感到焦虑或恐惧，然后出现声音发颤、心跳加快、手心冒汗、语速变快等生理反应。而应对这种恐惧的关键是和焦虑的条件反射共处，因为一旦注意力被焦虑感吞噬，用来思考和组织语言的"内存"（工作记忆）就会变少，演讲内容可能无法调动出来，此时需要有意地去做放松训练，将

"内存"释放出来，进入"自己可能焦虑，但是台下的人谁能知道呢"的状态。生活中我们会发现恐惧和焦虑是孪生子，常常相伴出现。

未知恐惧：恐惧的源头是对未知的事物有紧张、忧虑和威胁感，然后不敢尝试新的生活或新的工作，以及不敢去面对一些新的风险。未知恐惧主要表现在害怕尝试新的东西，一般是因为缺乏信息、信念以及对新事物的判断力。

一个典型例子是家暴的受害者可能因为未知恐惧，在已经发生了家暴的情况下，还是不会离开施暴者。比如国外一些反家暴电影里，被家暴的女性可能是因为害怕没有经济来源或一些其他因素，不能想象离开了施暴者之后会有什么样的生活状态，不敢去尝试新的生活，所以仍然留在家中继续遭受家暴。

再如当遭遇恋人出轨后，我们会对其缺乏信任，感到十分煎熬，不知道对方什么时候可能老毛病又犯了，也不确定自己是不是还要继续维持这种关系。此外，像"渣男"或"PUA"（原意指"搭讪艺术家"）现象，可能也是个体由于对关系的未知恐惧，对亲密关系没有任何的确信，所以会通过不断地去伤害或控制他人来应对这种恐惧。

但正如某些反家暴电影，例如《耳光》所演绎的。当看到他人勇敢面对未知恐惧的范例时，其他家暴受害者也能从中汲取力量，鼓起勇气来克服未知恐惧。因此，应对方法是首先照顾好自己的需求，并通过学习榜样的力量或挖掘自己过去成功的经验来克服未知恐惧。

死亡恐惧： 作为一种进化机制，死亡恐惧的存在有其合理性，有利于物种的生存和发展。对人类而言，死亡恐惧有两种：一种是现实的死亡威胁引起的恐惧，有利于识别和规避危险；另一种是放大了的恐惧，实际并不会导致死亡，但可能由于一些残存的进化机制，人们还是会感到恐惧。

例如参加拓展训练时，虽然已经戴上头盔、穿上安全衣，下面有气垫，但当爬到高处往下望的时候，即使理性上知道保护措施已经做到位，不太可能导致死亡，但还是抑制不住对死亡的恐惧。生活中人们也会有意地规避那些可能导致危险的情境。

此外，死亡恐惧有时可能表现为特别没有安全感，例如在某些灾难高发国家，会出现一种囤积狂现象，人们会拼命地去积攒地震、海啸爆发时所需要的一些应急物资或金钱。尽管情有可原，但如果过度放大死亡恐惧，影响到正常生活，就需要理性认识，具体问题具体分析。

疏离恐惧： 害怕孤单，担心被拒绝。这种疏离恐惧，一种来自真实的疏离，大多是因为自己的某些特征，例如种族、性别、外貌、身体状况等，还有可能的确遭到了他人的歧视或排斥，比如电影《奇迹男孩》中的主人公，天生有面部缺陷。另一种来自内心的预设，对他人及自己的态度产生负性解释偏差，感到他人的排斥、敌意和疏离，把幻想当成了事实。因此要搞清楚现实，培养自己的现实检验能力，去确认他人是否真如自己想的那样，对自己疏离、排斥。

可能的应对方法是不去预设他人会怎样反应，而是开诚布公地沟通交流，隔阂可能就消除了。此外，也可以从最简单的事做起，比如周末主动约上朋友出去吃饭，或者喝咖啡。但倘若确实觉得建立关系特别困难，那么就去寻求专业帮助。Z先生正是直面了自己的疏离恐惧，勇敢地来到咨询室，才给了自己改变的可能性。

失控恐惧：人在感到对生活中的重大事件和环境失去控制时，就会表现出这种恐惧。例如物质成瘾者可能会觉得生活和自由被某种物质，比如酒精或毒品控制。受虐待的妻子和孩子可能会觉得自己的生活被另一个强有力的人掌控和决定。疗养院里的一些人、无家可归者，也都有这种失控恐惧，他们认为自己的生活没有办法通过个人的努力来改变，而是被他人或外界环境决定。

再如癌症患者，除了死亡恐惧，还有对这种病症完全改变了自己生活的失控恐惧。失控恐惧是因为一切计划安排都变得不可控，让自己的生活似乎完全被外力决定。

这种恐惧也可能与习得性无助交互作用或反复遭遇失败有关。人可能会觉得自己几乎无法掌控自己的人生，预期失败必然会到来，于是不再努力。失控和减少不确定性有关，失控是我们感觉到自己没有能力去改变任何东西，其程度可能与我们的人格特点（例如内控与外控）有关。但任何一种特质没有绝对的好坏之分，因此我们可以提升心理灵活性，根据不同的情境调整、适应。

拒绝恐惧：我们有时不太敢去表达自己内心的需求、愿望与想法感受，因为害怕被拒绝。我们为什么会害怕被拒绝，可能有以下几个原因：一是认为自己的想法、诉求不重要，别人不会当回事，可能会拒绝自己；二是认为自己的要求太过分了，可能会打扰或麻烦他人，别人会很反感，拒绝自己。Z先生正是深受拒绝恐惧的束缚，无法相信他人会重视自己或善待自己，对外闭锁了自己的心门，而恰恰是这种预设与反应方式，让自己陷入恐惧被拒绝的境地。

研究发现，有拒绝恐惧症的人，一方面，他们自己不愿意向他人求助，怕打扰别人；另一方面，他们不太会拒绝他人，这和自尊（自我价值感）这种人格特质相关。研究者推测，这些不能够拒绝别人的人，过于在乎他人对自己的评价，怕别人说自己不好，甚至害怕因为没帮上忙而被他人抛弃。低自尊个体可能认为"我只有帮你的忙，能够对你有用，我才是有价值的，才值得被爱，才不会被抛弃"，因此很容易产生拒绝恐惧。

但人格特质有一些部分是可以通过心理治疗改变的，自尊水平提升后，会领悟到自己的价值不需要他人来点评，自己会认为自己本身就是值得被爱的，是有价值的。

（四）应对恐惧情绪——认知行为模型

恐惧情绪是很常见的，是被一些人、事、物所引发的在当时情境下的正常反应，也具有适应性功能。认知行为流派提出经典条件反射理论（见图4-1）解释恐惧情绪的产生，认为有过相似经历的个体，在遇到一些类似的泛化的刺激后，可能会产生相似的恐惧反应，因此治疗的关键是解除这些条件反射。

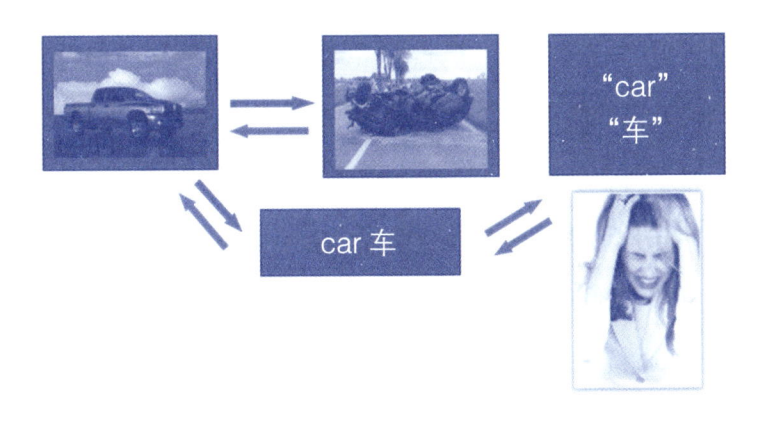

图4-1 经典条件反射理论

基于认知行为模型，应对恐惧情绪主要有以下几种方法。

系统脱敏法。在绝大多数情况下，我们都可以通过放松技巧，逐渐减少对压力源的恐惧。因为压力源在生活中可能是被泛化的，比如对蛇的恐惧，会慢慢泛化到只要看到蛇的图像、提到"蛇"这个字，都感到恐惧。但恐惧是有一些生理指标的，例如在上台演讲时，我们可能出现心跳加快、手心出汗等反应，此时可以通过放松方法来降低这些生理反应对我们现实功能的影响，让我们该讲话时就讲话，学会带着恐惧去生活。系统脱敏法是分级逐渐显现的，例如我们先读关于蛇的文字，看蛇的图片，接触玩具蛇，最后摸真蛇。核心是放松，通过放松身心反应，来减少恐惧感。

暴露脱敏法。这是通过与压力源短暂而安全的接触，减少恐惧感的过程。比如生活中的飞行恐惧，会让我们的出行受到很多限制，因此需要通过真实的飞行去感受和体验，之后克服恐惧。治疗师最开始会陪着来访者进行尝试，像一根拐杖一样帮助来访者，之后来访者就可以自己行动了。

坚定自信训练。治疗师帮助来访者了解恐惧情绪，知道产生恐惧的原因，教会来访者熟练运用放松技巧，获得控制感，并相信自己可以做到，从而平静地面对恐惧源。在针对Z先生的社交焦虑的疗愈过程中，咨询师正是综合运用了以上几种认知行为治疗方法，让Z先生在暴露内心恐惧的过程中更加坚定自信，最终帮助Z先生解除了社交情境与恐惧情绪间僵化的条件反射，实现了"脱敏"。

焦虑情绪：当未来令人紧张不安时

（一）焦虑情绪的来源与功能

通常情况下，焦虑情绪会与恐惧情绪相继出现，二者既有联系也有区别。焦虑是一种内心紧张不安，预感到似乎将要发生某种不利情况而又难以应付的不愉快情绪。焦虑与恐惧情绪相近，是对未知的恐惧，实质是对于不确定性的不耐受。但恐惧是在面临即刻的危险时产生的，指向当下；而焦虑发生在危险或不利情况来临之前，指向未来。

焦虑是杏仁核和前额叶皮层功能失调，造成了不愉悦的情绪与失控感的体验。焦虑虽是一种痛苦的体验，但也具有重要的适应功能，它向个体发出危险信号，动员机体做好战斗准备，也是学习和积累经验的过程。因此，焦虑并不都是有害的，适度的焦虑甚至是有益的。但当焦虑过度造成功能损害，或无明确的诱因时，可能是病理性焦虑的提示。

（二）焦虑情绪的影响

亚当斯（Adams）与克莱尔（Claire）在2020年的一项研究中发现**手机成瘾与焦虑相关**[1]。生活中人们常常会发现自己或身边

---

1 Fields, A., Harmon C., & Lee, Z., et al. Parent's anxiety links household stress and young children's behavioral dysregulation[J].Developmental Psychobiology, 2021, 63(1): 16-30.

的人出现"手机不离手"这一手机成瘾的现象，研究发现这可能与焦虑情绪相关。但我们很难厘清二者间的关系是使用手机成瘾造成了焦虑，还是焦虑造成了手机成瘾？也可能是相互加强的关系，分不清楚因果。手机成瘾可能会给人们带来科技压力，每天暴露在很多碎片化信息中，非常忙碌，感到焦虑。但与此同时，焦虑本身也可能会引发人们不断地去看手机，因此可能是相互作用、彼此强化的过程。甚至手机似乎已经成为人们的器官、传感器，如果哪天没带手机，人们会感到非常焦虑。

另一项研究发现，加强对表现的监测可能使个人更容易受到人际关系压力的负面影响，从而增加了高度焦虑的风险[1]。例如**聚光灯效应**，当一个人感觉周边很多人的目光聚焦到自己身上时，他可能会感到焦虑。例如对有些人来说，公开演讲，甚至正常谈话，可能都是处于很恐怖、很焦虑的情境之中，因为这些人可能会感到自己的表现受到了他人的监测与评判。但不同个体在不同情境下，也可能会有不同的反应。有时没有监测对象，我们反而可能会因为没有互动，看不到他人的反应，得不到即时反馈，感到更加焦虑。例如有的老师在录网课时会出现**摄像头焦虑**，对着摄像头

1　Banicaa, L., Sandrea, A., & Shieldsb, G.S., et al. The error-related negativity (ERN) moderates the association between interpersonal stress and anxiety symptoms six months later[J]. International Journal of Psychophysiology, 2020, 153: 27-36.

大脑一片空白。当然，在某些特定情境下，某些个体也许更喜欢有监测，例如有的演员就希望全场爆满，掌声雷动，因此获得对自己表现的反馈，进而决定是否调整自己的行为方式。

悲伤情绪：当损失不可挽回时

（一）悲伤情绪的来源与功能

拉扎勒斯认为悲伤能够帮助人们在经历不可挽回的损失时，进行自我反省，并且具有重要的人际关系功能[1]。孔茨曼（Kunzmann）等人认为悲伤可能促进对不可逆转的损失和无法达到的目标的心理调整[2]。洛马斯（Lomas）指出悲伤情绪不仅是正常的，而且可能具有内在价值[3]。例如当我们失恋时，对方已经坚决提出分手，如果我们还要再继续挽回，那么在这个过程中可能更多存在的是一种亢奋的甚至是愤怒与攻击性的情绪。但悲伤可能会为这段关系画上一个句号，我们在情绪低落一段时间后，

1　Lazarus, R.S. Cognition and motivation in emotion[J]. American Psychologist, 1991, 46(4): 352–367.
2　Kunzmann, U., Kappes, C., & Wrosch, C. Emotional aging: A discrete emotions perspective[J]. Frontiers in Psychology, 2014, 5: 380.
3　Lomas, T. The quiet virtues of sadness: A selective theoretical and interpretative appreciation of its potential contribution to wellbeing[J]. New Ideas in Psychology, 2018, 49: 18-26.

会开始新的生活。因此悲伤情绪在一定程度上有自我保护功能，让我们不再执着于挽回，不再想着去报仇，会促进自我反思、自我关照，迎接改变，而这种悲伤情绪其实是需要被接纳的。例如Z先生正是因自己的社交困境而陷入低落、悲伤的情绪之中，在这种痛苦情绪的提示下，他决心通过寻求咨询等方式来更好地改变自我。

此外，悲伤也可以促进审美，这也是我们喜欢欣赏一些悲情剧的原因。在《忠犬八公》这部电影中，尽管主人公与其爱犬的分别痛彻心扉，但我们仍然被动物与人之间真挚的情谊打动。因为能在悲伤情绪中感悟到美好的情感，满足我们的审美需求。悲伤甚至可能是我们未来美好生活的组成部分，因为悲伤是一种基本的道德情感，我们借此可以共情他人、关怀他人，营造良好的社会氛围。

（二）悲伤情绪的影响

2019年的一项研究发现，在评价伴侣的强烈负面情绪（愤怒、敌意）和柔和负面情绪（悲伤、恐惧）时，人们会运用更多**假设相似性**[1]。

---

1 Kouros C. D., Papp L. M. Couples' perceptions of each other's daily affect: Empathic accuracy, assumed similarity, and indirect accuracy[J]. Family Process, 2019, 58(1): 179-196.

假设相似性指投射。在人际交往当中，当人们自己感受到悲伤情绪时，会不会认为他人也是悲伤的？或者当人们感到愤怒时，会不会觉得他人对我们也是愤怒的？这个研究发现，当我们自己有某种负面情绪时，我们会假设对方对自己也有此种负面情绪。例如恋爱时，用微信与对方进行文字聊天，我们可能会投射出很多自己内在的情感，比如怀疑对方是不是不耐烦了，觉得对方是不是生气了。当有了这样的认知时，我们就可能变得特别矛盾，会想"你凭什么生气，我又没惹你"或者"我不就是刚才没有及时回你的信息吗，你就开始生气，我才不惯着你"，然后我们可能会通过各种方式表达自己的悲伤情绪。可能是被动攻击，例如不理睬对方，或者直接批评、指责、吵架。在因悲伤引出愤怒做出关系破坏性行为后，我们可能再次陷入假设相似性的循环中，推测对方可能感到受伤并对自己失望了，进而可能会对关系无进展感到悲伤，对关系可能会结束感到恐惧。因此，为了降低情绪的假设相似性对关系的负面影响，可能的应对方式是我们需要确认对方的真实情绪状态，同时适应对方的为人处事风格。

抑郁情绪：当多种情绪交织时

抑郁是一种复合情绪，由各种情绪交织在一起，既是一种心理状态，也是一种生理状态。情绪本身并没有正常或异常之分，抑郁情绪带给人们的体验可能是不愉快的，但这并不意味着它就是异常的。它也是人的身体发出的信号，虽然令人痛苦，但也是对人的一种保护措施。就像人如果没有了疼痛感，就很容易在受伤害时不能及时采取保护措施。与我们的常识相反，在遭遇令人悲伤的事件时，如果没有出现正常的抑郁情绪，反而可能存有更大的问题。

实际上，我们在生活中都曾感到过哀伤、沮丧、悲观甚至绝望，比如在遭遇挫折时（例如被领导批评时），都可能出现暂时的情绪低落。研究表明，抑郁情绪的功能主要有以下几点：一是从长期来看，轻度抑郁有适应性的功能；二是轻度抑郁情绪，可以使人面对一些平常试图避开的思考和感受。

这里我们需要注意，抑郁情绪是一个从正常到异常的连续体，需要对其进行区分。正常的抑郁是指我们在经历应激事件后出现的抑郁，这被视为一种适应性的反应。而大多数情况下，只要我们能走出来，生活没有受到过度困扰，那么即使不做什么干预，在一段时间内它也能自行缓解，而且抑郁情绪本身不足以使心境障碍（例如抑郁症）的诊断成立。

但当抑郁达到了特定的严重程度，严重影响到了正常生活和社会功能时，我们说这就是异常的了，需要治疗。例如抑郁症作为一种精神类疾病，主要症状表现为持续的情绪低落、兴趣减退、精力疲乏，严重时甚至可能出现自杀倾向。

近些年一些高校学生自杀事件，就是病理性抑郁情绪驱动下的典型事例。例如某大学化学学院学生自缢事件，遗书中该同学主要提及了学业压力，论文被否定之后不断重新做，对此感到绝望。这位同学倘若能合理向老师表达自己的情绪和需求，可能会有不同的结局。但这位同学却把攻击（愤怒和不满）指向了自己，觉得"自己不行"，这可能是在各种压力与抑郁情绪的冲击下，自尊、自我认同以及自我价值感崩溃的表现。因此，可能的应对策略是首先及时到医院精神科就诊，寻求专业帮助，进行精神科检查诊断并遵医嘱服药，调节大脑中的相关神经递质。与此同时，还可通过心理咨询或运动等方式帮助自己。

小结

恐惧、焦虑、悲伤、抑郁等情绪感受都有其生理、心理与社会成因，它们都是人们在经历一些压力事件后正常的压力反应，往往传达了人们的体验与感受，以及期待与需求。因此我们需要觉察、识别并接纳在不同情境下自己的这些情绪感受信号，在增进自我理解的基础上采取相应的压力应对方式。倘若发现某些情绪已经严重干扰了自己正常的社会功能，诸如学习、工作以及生活，那么在自我应对的同时，及时寻求专业人士（例如心理咨询师或精神科医生）的帮助也是非常必要的。例如，针对恐惧情绪与焦虑情绪，我们可采用认知行为疗法；而针对抑郁情绪，则可采取行为激活（运动）等方式加以干预。

05

思维陷阱与压力

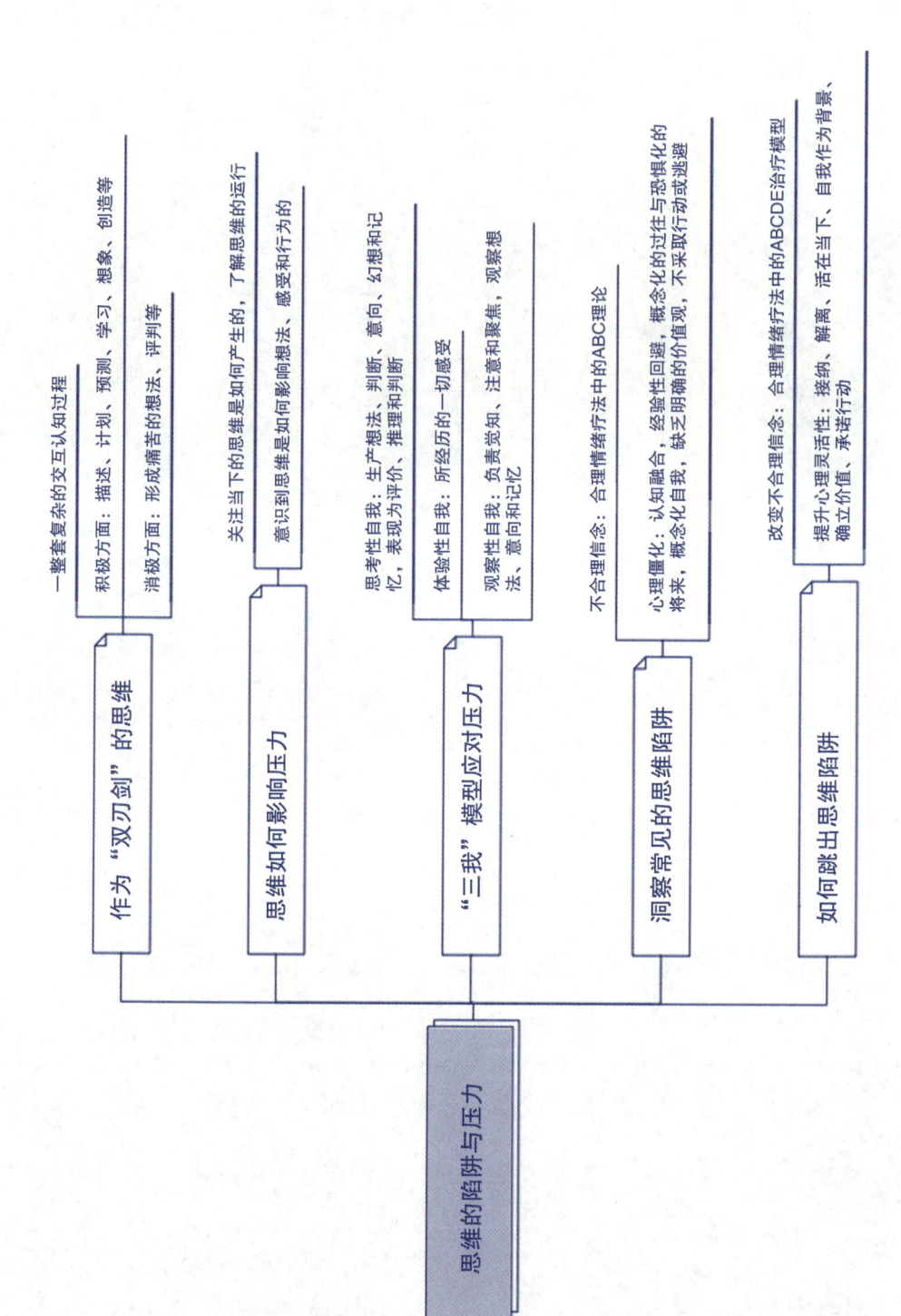

思维的陷阱与压力

作为"双刃剑"的思维
- 一整套复杂的交互认知过程
- 积极方面：描述、计划、预测、学习、想象、创造等
- 消极方面：形成痛苦的想法、评判等

思维如何影响压力
- 关注当下的思维是如何产生的，了解思维的运行
- 意识到思维是如何影响想法、感受和行为的

"三我"模型应对压力
- 思考性自我：生产想法、判断、意向、幻想和记忆，表现为评价、推理和判断
- 体验性自我：所经历的一切感受
- 观察性自我：负责觉知、注意和聚焦、观察想法、意向和记忆

洞察常见的思维陷阱
- 不合理信念：合理情绪疗法中的ABC理论
- 心理僵化：认知融合、经验性回避、概念化的过往与恐惧化的将来、概念化自我、缺乏明确的价值观、不采取行动或逃避

如何跳出思维陷阱
- 改变不合理信念：合理情绪疗法中的ABCDE治疗模型
- 提升心理灵活性：接纳、解离、活在当下、自我作为背景、确立价值、承诺行动

引言

从压力管理的角度看,思维模式和压力之间也会产生交互作用,并影响人的感受和情绪。比如,当我们认为自己"不够好"或相信自己"很糟糕"的时候,会感到羞愧和愧疚,甚至痛恨自己。这时我们的思维模式会让自我失去控制,变得烦躁和怨恨,心情变得越来越糟糕。所以,我们要通过了解自己的思维模式,识别自己的想法、感受和行为,认识生活中常见的思维陷阱,诸如不合理信念和认知僵化等,改变不合理信念,以更合理的思维来理解压力,应对日常遇到的事情和困难,从而增强心理灵活性,跳出思维的陷阱,减少各种压力对自己的影响,更好地活在当下。

案例

来访者小Q认为自己在读文献时总是非常有压力,觉得自己看不懂,所以常常看着看着就开始发呆。每次回过神后都觉得自己的专注力太差,做什么事情都无法全神贯注,对自我的失望导致心情低落。通过了解,我们发现小Q的困扰是受到了思维方式的影响,因此针对小Q的这方面进行干预,告知小Q其信念及思维方式的不合理之处——不是因为其专注力差,而是因为英语阅读能力有限,而心情低落是由他现存的思维方式所导致。我们与小 Q 的思维方式进行辩论,请他证实自己的观点,慢慢使他放弃旧思维方式,并帮助他学会以合理的思维方式替代旧思维方式,同时加强英语阅读方面的训练,使得小 Q 逐渐具备了阅读文献的能力,开始变得有信心,心情也随之好了起来。

作为"双刃剑"的思维

思维是一整套复杂的交互认知过程,例如分析、比较、评估、计划、回忆、视觉化等,具有概括性和间接性等特点。人们通过思维过程来认识事物与现象的外部及内部联系。思维是一把双刃剑。从积极的方面来说,思维能帮助我们描述眼中的世界,做计划和预测,学习过去,想象未来,创造未知的事物,与人沟通和交流,这些都有助于人的生存、适应和发展。但思维也有消极的一面,它会在脑海中恐吓我们,形成痛苦的想法,持续"播放"令我们痛苦的记忆和画面,不断对我们和他人进行评判,让我们为过去难过,为未来担忧,产生冲动性行为。

思维如何影响压力

在日常生活中，我们每时每刻都离不开思维，用它来学习知识、解决问题、辨别判断、探索创造。这些复杂过程是借助语言、表象或动作来实现的，并表现在概念形成、问题解决和决策等活动中。在这些过程中，人对压力的看法会促成压力对人的影响——有时压力并没有直接影响个体，而是对压力的某一个想法影响了个体的行动和现实。

例如有的人认为压力有害，那么他会认为承受压力会损害其健康和活力，影响其表现和效率，甚至阻碍其学习和成长。这会导致其认为压力的影响是负面的，应该避免。小Q在读文献时，常常认为这种压力给自己带来很大的困扰和恐惧，会影响其在文献阅读方面的效率。但另一种思维模式认为压力对人也有促进作用，人承受适当压力有助于保持健康和活力，可提升人的做事效率，推动人的学习和成长，此时这种压力的影响就是积极的，应该加以利用。所以，我们要重视思维对压力的作用。

想要了解压力思维，就要注意自己是如何思考压力的。因为思维模式具有特异性，每个人都依靠自己的标准来思考压力，比如有人的口头禅是"太难了"，那么我们来感受这种人说这句话时的感觉是怎样的，是不是更容易造成"沮丧和无助"的情绪。因此，我们需要在日常生活中关注当下的思维是如何产生的，了解思维的运行，建立积极思维，正确看待压力以及应对压力，让积极思维多影响自己的想法、感受和行为。

"三我"模型应对压力

接纳承诺疗法中有一个"三我"模型，遇到压力情境，我们可以调动"三我"模型来进行调整。

第一个是**思考性自我**，也叫概念化自我。它由各种各样的想法构成，发挥的是思考功能，生产的是我们头脑中所有的想法、判断、意向、幻想和记忆，直接表现为我们头脑中的很多评价、推理和判断。

思考性自我正向的方面有很多，比如对一名年轻的教师来说，思考性自我可以帮助他组织课程，学习理论，从理性上、认知上去做一些梳理。但是思考性自我也有负向的方面，比如一旦这位老师今天某一个知识点没有讲清楚，他就会特别概括化地认为自己今天的整个课程都是失败的，这就是思考性自我在发挥负向作用。更严重的是，思考性自我可能不仅让这位老师觉得自己这节课没讲好，还会继续放大地认为自己不是一名好老师，然后如果他沿着这个问题让思维继续陷进去，可能会因此而得出结论，"我是一个失败的人"。

当思考性自我想给人们下一个定义，似乎人们一定是什么样子的人，而且这个身份角色是固定的，这会给人们带来压力，削弱人们采取积极行动的能力，让人们深陷于自我贬低的泥潭中无法挣脱出来。

第二个是**体验性自我**，体验性自我包括了我们所经历的一切感受，比如中午 12 点下课，老师却在拖堂，你觉得肚子很饿，咕咕直叫，然后你想象着食堂里美味可口的饭菜，感觉会好一些。再如打网球发球的时候，当你全神贯注地盯住球，感受到身体的一系列连贯的动作，将力量从腿部传导到腰部，再带动肩膀的旋转，并促使手臂精准击球，球落在了有效区内，但对方没有触到球，这一刻你获得了一种兴奋体验。这就是体验性自我在发挥作用。

体验性自我很重要，因为它是人们生活的源头活水，人们有了体验才会有感受，有了感受才会觉得人生有意义，产生做事情的动力。因此人们要推动体验活动，这是很健康和积极的方式，要学会带着积极的体验去创造新的体验的可能性，这样我们的心理空间才能打开，新的积极体验才有可能流动起来。

第三个是**观察性自我**，它负责觉知、注意和聚焦，观察想法、意向和记忆等，但不产生这些。观察性自我像天空，一年四季的天气就像思考性自我和体验性自我，天气是各种各样的，是变化的；天空可以容纳所有的天气，但又不等同于这些。观察性自我又像舞台，舞台并不负责演出，但是它承载着所有的演员、所有的演出、所有的动作、所有演艺过程中产生的情绪。

通常我们说到观察，会认为观察的是外部，在心理学中称作外部语境。还有一个语境是内部语境，就是我们知道自己的内心世界正发生着什么，就如同内心有一个舞台，有些声音跳出来，有些念头跳出来，有些情绪跳出来，这是在我们内在语境的舞台上会发生的事情。

下面这句话就是对观察性自我的形象描述："如果过去的包袱使你远离事实，事件回放就能使事实进入你的大脑，但请用放在墙角的摄像机视角从远处观察。"这个视角让我们跳出来去看自己现在正经历的一切，这就是观察性自我。我们此刻就有这种观察性自我，比如我们现在可以用一种跳出来的思维，想象自己有一个视角，就像摄像头一样，在观察着自己的所思所想。

《奇迹男孩》这部电影讲述了10岁的小男孩奥吉因为先天脸部畸形，成为同学们谈论的焦点，这也给他的校园生活带来了重重的挑战。幸运的是，在成长的过程中，奥吉的父母、姐姐一直支持和鼓励他，奥吉也凭借自身的勇气收获了友谊和尊重，最终成为大家心目中不可思议的奇迹。电影中，奥吉在学校被同学歧视后很痛苦，妈妈却对他说："你看我脸上有这么多皱纹，我们每个人脸上都有痕迹，这是一张展示我们过往经历的地图，这张地图从来都不会丑陋。"这是妈妈在教奥吉如何去看待自己的长相。我们观察任何事物，都要观察它们真实的样子，观察时不须带着评价和情绪，而观察性自我就提供了这样一种可能性。当进入观察性自我的心理空间时，我们可以在这个空间中意识到自己的想法、记忆和他人的评价，并更深刻地体验到自我接纳的感觉。

观察性自我通过从思想、意象和记忆中分离，客观地注视思想活动，如同观察外在事物，将思想看作语言和文字本身，而不是它所代表的意义，即退后一步去观察这些内容而不陷入其中。我们可以通过两个练习来体验观察性自我，具体见附录5-1和附录5-2。

生活中，当遇到压力情境时，我们可以使用"三我"的思路，分析自己现在可能卡在什么地方——是关闭了体验，还是陷在某一种自我概念中无法自拔。我们需要通过观察性自我帮助自己跳出来，从而更好、更灵活地应对压力。

洞察常见的思维陷阱

在了解思维的运行和"三我"模型之后，我们再来认识生活中常见的思维陷阱。比如，认知行为疗法、接纳承诺疗法都强调针对认知层面工作,也提出了常见的思维上的障碍,主要为不合理信念和心理僵化。

(一)不合理信念

根据美国临床心理学家阿尔伯特·埃利斯(Albert Ellis)创立的合理情绪疗法,非理性或错误的思想、信念是情感障碍或异常行为产生的重要因素[1]。合理情绪疗法的核心理论是"ABC 理论"(见图 5-1),它的主要观点是:个体对诱发事件(A)的解释和评价(B)是引起人的情绪及行为反应(C)的直接原因,诱发事件(A)是引起情绪及行为反应(C)的间接原因。人们通常认为 A 能直接引起 C,事实上并非如此。A 对于个体的意义或能否引起个体的情绪性反应 C,受人们的认知态度、信念 B 决定。

图 5-1 合理情绪疗法中的 ABC 理论

---

1 Ellis, A. Changing rational-emotive therapy (RET) to rational emotive behavior therapy (REBT)[J]. Journal of Rational-Emotive and Cognitive-Behavior Therapy,1995,13(2): 85-89.

比如，两个人一起走在路上，迎面碰到一个他们都认识的人，但对方没和他们打招呼，径直走过去了，这是事件A。两个人中一人想，"他正在想事情所以没有注意到我们，即便看到了我们，没理我们也有其原因"，这是认知B1；而两个人中另一个人想，"他为什么不理我们？一定是故意的，就是不想理我们，觉得和我们打招呼丢人，他看不起我们"，这是认知B2。在这个情境中，认知B1带来的反应C1是感觉无所谓，不受影响；而认知B2带来的反应C2则是感觉很生气，随后无法继续做之后的事情。再例如，小王和小明同时向异性同学表白，但是都被拒绝了，这是事件A。小王认为"我怎么这么没用，没有人会喜欢我"，这是认知B1，由此带来的反应C1是非常沮丧，甚至陷入自我怀疑和否定中，下次很难鼓起勇气再次尝试。而小明则认为被拒绝这件事情没什么大不了，可能就是两个人不合适，这是认知B2，由此带来的反应C2是感觉还好，影响不大，甚至还从这次经历中学习了与异性相处的经验。

合理情绪疗法强调情绪困扰和不良行为都来源于个体的不合理信念，它们往往包含以下特征。

绝对化的要求：人们以自己的意愿为出发点，对某一事物怀有认为其必定会发生或不会发生的信念，通常与"必须"和"应该"这类词连在一起。比如：

"我必须获得成功才能得到别人的喜欢。"

"别人必须很好地对待我。"

过分概括化： 以自己或他人做的某一件事或几件事的结果来评价自己或他人，是一种以偏概全的思维方式。比如：

"我怎么连这么一件小事都办不好，真没用！"

"这个人不爱护小动物，是个坏人。"

糟糕至极： 认为一件不好的事如果发生将会非常可怕，是一场灾难。比如：

"英语的口语展示课，我要是打磕巴了，会觉得永远下不来台。"

"要是失恋了，就再也没有幸福可言了。"

小 Q 在阅读文献时，产生了过分概括化的思维："我没法专注读文献，我不够好。"由此可见，不合理信念很容易让人们陷入思维的陷阱，进而影响情绪和行为。

（二）心理僵化

随着时代的发展，人们意识到，人生有些苦与难是无法解释的，有些矛盾是无法解决的。认知行为疗法第三浪潮的理念是：与其苦苦挣扎，不如与之共舞。其中，美国心理学教授斯蒂芬·海斯（Steven C. Hayes）等人于 20 世纪 90 年代创立了接纳承诺疗法（Acceptance and Commitment Therapy，以下简称 ACT），它基于功能性语境主义，以关系框架理论（RFT）为理论基础[1]。根据关系框架理论，语言本身的内容和形式不会直接导致问题。人类的语言和认知可以帮助人类更加快速地接受和处理信息资源，然而，过度依赖语言可能导致主观、自我中心、僵化、片面、歪曲，产生心理僵化以及随之而来的心理痛苦，具体表现为认知融合、经验性回避、概念化的过往与恐惧化的将来、概念化自我、缺乏明确的价值观、不行动或逃避。

而认知融合是我们把脑海里出现的一些不好的想法当成事实去相信，之后会产生痛苦的感觉。我们在很痛苦的时候，就会特别不想拥有这种感觉，然后脑海中会产生一种不好的想法。有了这种想法以后，我们自己也会被这种想法解读，然后不断地在脑中播放这个声音，即使在做别的事情，这种感觉仍在脑海里萦绕。

人难受的时候一般会想要逃避此种感觉，或者通过控制来实现舒适一些的感觉，因此会变得心不在焉。而当满脑子都是"我要控制这个想法"的时候，人就已经离开当下了。我们不能很好地跟家人聊天，也不能很好地去做事，经常会出现"身在曹营心在汉"的现象，要么后悔过去，要么害怕将来，继而还会产生各种认知，或者指责自我，或者评判他人。当人们陷入这种情境的

1　Hayes, S. C., Luoma, J. B., Bond, F. W., et al. Acceptance and commitment therapy: Model, processes and outcomes[J]. Behaviour Research and Therapy, 2006, 44(1): 1-25.

时候，他们就会迷失方向，离内在的价值越来越远，人生也就被打乱了。

例如一个人工作不顺利，认为领导非常讨厌他，一直觉得自己会被解雇。也许情况并没有他想的那么严重，但此人会一直沉浸在这种想法中，平时无法集中精力工作，回家甚至也无心给孩子做饭、辅导作业等，难以维持正常生活。这就是心理僵化的表现。我们可以通过一个简单的练习，体验这种思维对行为造成的影响，具体见附录 5-3。

如何跳出思维陷阱

（一）改变不合理信念

合理情绪疗法认为人们可以通过改变自己的信念（B）来改变结果（C），其中最重要的方法就是对不合理信念加以驳斥和辩论（D），使之转变为合理的信念，最终达到新的情绪及行为的治疗效果（E）。原有的 ABC 理论，可以进一步拓展为 ABCDE 治疗模型，如图 5-2 所示。

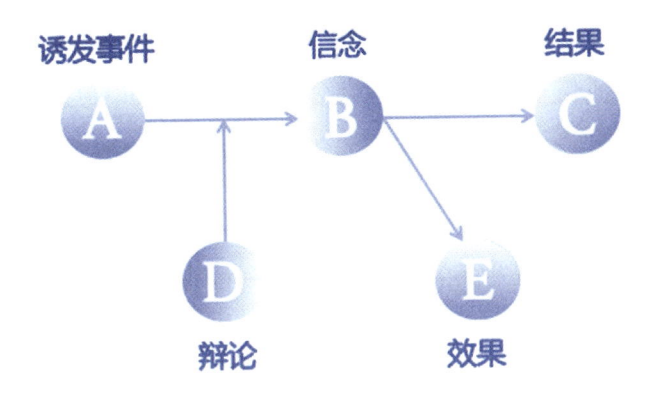

图 5-2　合理情绪疗法中的 ABCDE 治疗模型

这种方法的治疗逻辑是**帮助人们找到不合理的信念，让其认识到其中的不合理性，并用合理的信念替代之**。基本步骤如下：

以一个典型事件入手，先找出诱发事件 A；询问对方对这一事件的感觉，以及自己是如何对 A 进行反应的，即找出 C；询问对方对事件 A 的认知，分清对方对事件 A 持有的信念哪些是合理的，哪些是不合理的，将不合理的信念作为 B 列出来；帮助对方领悟，让其认识到困扰自身的不是事件本身，而是自己对事件的态度、看法、评价等认知内容；在此基础上，运用多种技巧，以改变不合理信念为中心，修正或放弃原有的不合理信念，代之以合理的信念。

通过 ABCDE 模型，改变不合理信念，让我们更好地去应对，感受也会好起来。对小 Q 来说，A 是阅读文献；C 是看不懂，常走神，情绪低落；B 是认为自己专注力差，做什么事情都无法专注。在此基础上，与小Q的不合理信念B进行辩论，让小Q意识到是自己对A的不合理信念B影响了自己的感受和体验C，自己并非是一个不专注的人，而是由于英语阅读不熟练，缺乏训练。通过提升阅读能力，小Q开始以合理的思维看待自己和事情，能够专心投入到文献阅读中，并变得乐观和积极起来。

（二）提升心理灵活性

ACT的心理病理学模型认为，心理问题的主要来源（以及加剧心理问题来源影响的过程）是语言和认知与直接突发事件相互作用的方式，产生无法坚持或改变长期价值目的的行为，即心理不灵活，表现为包含经验性回避、认知融合、概念化的过去与恐惧化的将来、对概念化自我的依赖、缺乏明确的价值观、不行动这六大问题的心理病理模型。

相对应地，ACT通过接纳、解离、活在当下、自我作为背景、确立价值、承诺行动这六个方面和技术，提升心理灵活性，让来访者在价值观的指引下，积极地行动[1]。相对于认知的内容，ACT更针对认知的方式，帮助来访者改善痛苦的想法、情绪与自己之间的关系，从而改变其对生活的影响，如图5-3所示。

1　Hayes, S. C., Luoma, J. B., Bond, F. W., et al. 2006.

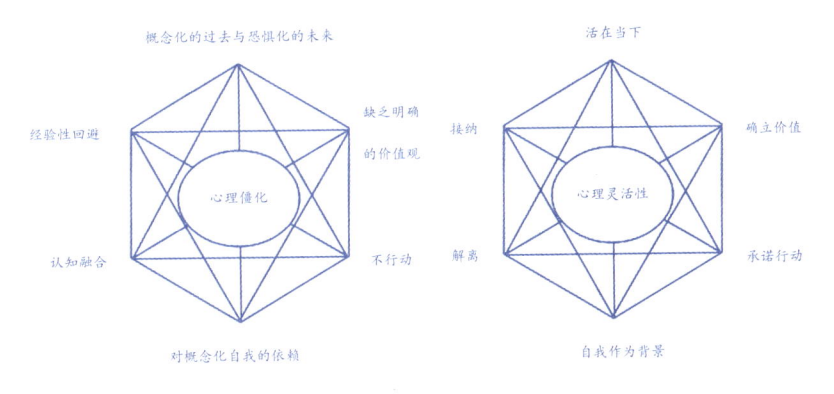

图 5-3　ACT 的心理病理模型（左）及心理治疗过程（右）[1]

　　针对认知融合，ACT 教我们要学会与内在产生的想法解离。可以通过几个简单的练习体验认知解离，具体方法详见附录 5-4、附录 5-5 和附录 5-6。此外，我们可以通过更多控制的手段不让自己有这种想法，不想有这样的感觉。当然，有时越不想有这样的感觉，越有，于是一个劲儿地跟脑子里的想法做斗争，最终会跑到陷阱里；越想出来，反而会越陷越深。ACT 告诉我们要做的是两个字：接纳。接纳自己痛苦的想法和感觉，接纳自己的思维模式，接纳脑海里为什么总是播放这样一个场景，然后就会发现生命的很多问题也是生命的动力，即接纳了以后，就可以放下，活在当下，之后可以反思自己想要成为什么样的人，看到价值方

1　Hayes, S. C., Pistorello, J., & Levin, M. E. Acceptance and commitment therapy as a unified model of behavior change[J]. The Counseling Psychologist, 2012, 40(7): 976-1002.

向，并在价值观的指导下行动。附录中的 6 个练习可以让我们学会让想法自由地来去，体验接纳的过程。

小结

在有压力的时候，不要想着把压力消除以后再去做自己认为重要的事情，而是要带着压力去做该做的事情。认知行为疗法告诉我们改变不合理信念的方法，ACT 告诉我们可以通过认知解离，使用观察性自我，然后把自己的精力投入到该做的事情上。相信自己的心是无限大的，是可以带着压力、痛苦、不开心，用无限的能量和空间去面对自己认为的最重要的价值方向，面对自己要做的事情。

附录

本部分附录所用方法，均来自罗斯·哈里斯（Russ Harris）所著《ACT 就这么简单》。[1]

---

1 罗斯·哈里斯. ACT 就这么简单：接纳承诺疗法简明实操手册 [M]. 祝卓宏，张婍，曹慧，等译. 北京：机械工业出版社，2016.

附录 5-1 　　注意 X

为了促进与观察性自我的联结，我们把 X 变成你的觉察或意识，即注意你的注意，注意你的觉察，注意你的意识。我们可以在练习中通过增加一些简单的指导语，如"注意是谁在注意"或"意识到是你自己正在注意着一切"来促进这种联结。

（1）找一个让你舒服的姿势，然后闭上你的眼睛。现在我们来注意：你的想法在哪里？它们看起来会在哪里：在你头上、后面、前面，还是在你的一侧呢？（暂停 5 秒。）注意这些想法的形式：它们是图像、文字，还是声音呢？（暂停 5 秒。）注意——它们是流动的还是静止的呢？如果是流动的，那它们的速度和方向是怎样的呢？（暂停 10 秒。）注意这里有两个独立的过程：一个是思考的过程，你的思考自我正在把所有的文字和图像都抛掉；另一个是注意的过程，你的观察性自我正在注意着所有的想法。（暂停 5 秒。）

（2）现在，这些让你的大脑不断地运转、辩论和分析，那我们就再来一遍。注意：你的想法在哪里？它们是图像还是文字，是流动的还是静止的？（暂停 10 秒。）你的想法出现了，然后"你"就在那里，观察这些想法。你的想法一直在变化，但观察想法的"你"不会改变。

（3）现在，这些想法又一次让你的大脑不断地运转、辩论和分析，那我们就最后再来一遍。注意：你的想法在哪里？它们是图像还是文字,是流动的还是静止的呢?(暂停10秒。)你的想法出现了,然后"你"就在那里观察这些想法,你的想法会变,但"你"不会。

附录5-2　观察性自我和舞台剧

(1)现在请你把身体坐直,双肩自然下垂,双脚平放在地板上……感受脚下的地面……你可以将视线固定在某一点或闭上眼睛,选择一种你喜欢的方式。

(2)现在,花些时间注意下你是如何坐着的。(停留5秒。)注意你是如何呼吸的。(停留5秒。)注意你看到了什么。(停留5秒。)注意你听到了什么。(停留5秒。)注意你的皮肤有什么感觉。(停留5秒。)注意你嘴里品尝到或感觉到了什么。(停留5秒。)注意你的鼻子闻到了什么或感觉到了什么。(停留5秒。)注意你现在有什么感觉。(停留5秒。)注意你正在想什么。(停留5秒。)注意你正在做什么。(停留5秒。)

(3)刚才,是你的某一部分注意到了你所看到、听到、触到、尝到、闻到、想到、感觉到的一切。(停留5秒。)在我们的日常用语里,并没有一个贴切的词来描述你感到的这一部分。我们把它叫作观察性自我,但是你并不需要这么叫它。你怎么叫它都可以,只要你喜欢。(停留5秒。)

(4)生活就像一出舞台剧。舞台上是你所有的想法、感觉,你看到、听到、触到、尝到以及闻到的一切。观察性自我就是退后一步观看整个舞台剧的那部分你：聚焦于舞台上的任何细节；或是退后一步，纵览整个舞台。（停留 5 秒。）

附录 5-3　"脱钩"技术

在 ACT 里，我们常常在口头语中说"被想法钩住了"，这么说是指你深陷于你的想法，并且这些想法对你的行为造成了极大的影响。在什么样的情境下，你的想法会设法钩住你？为了钩住你，这些想法对你说了些什么？你又是如何设法让自己"脱钩"的？

表 5-1　让想法"脱钩"

日期/时间 触发事件或情境	为了"钩住"你，你的大脑说了什么或做了什么？	当你被念头"钩住"时，你的行为发生了怎样的变化？这些行为让你付出了什么样的代价？	你是否试图让自己"脱钩"？如果有，你是怎么做的？

附录 5-4　解离技术 1：析出你的想法

请准备好一张纸，在上面写下两三个消极的、评判自我的想法，你的头脑会时不时扔出一些想法来给你一记重击。在整个练习中，你都将用到它们。写好之后，找出让你最烦恼的那个想法，并以它为对象来进行下面的练习。

（1）把你的消极自我评价缩短为一句话——以"我是 X"的形式。例如，"我是一个失败者"或"我是不够聪明的人"。

（2）现在用 10 秒的时间与这个想法融合，即完全陷入其中，并尽可能地相信你就是这样的。

（3）现在以这个语句开头来重新默念这个想法："我现在有这样一个想法……"或"我现在有这样一个想法——我是个失败者"。

（4）重复这个想法，但是这次在前面加上这句话："我注意到我现在有这样一个想法……"或"我注意到我现在有这样一个想法——我是个失败者"。

发生了什么？你是否注意到一种与想法分开或拉开距离的感觉？也可以换一个想法，重复上面的练习。这是一个很棒的简单练习，几乎能让每个人都体验到解离。

附录 5-5　　解离技术 2：观察你的想法

（1）请你坐直，放松肩膀。轻轻地把脚放到地板上，感受脚下的地面。你可以把注视点固定在某一点，或闭上眼睛。

（2）现在让我们花一些时间来注意你是怎么坐的。（暂停 5 秒。）注意你是怎么呼吸的。（暂停 5 秒。）在接下来的几次呼吸中，仔细观察你的呼吸，研究它，注意吸气、吐气。（暂停 10 秒。）像一个初次接触呼吸的科学家，充满好奇地观察它。（暂停 10 秒。）

（3）现在把注意力从呼吸转移到你的想法上，看看你是否能够注意到你的想法：你的想法在哪里？它们可能位于哪里？（暂停 10 秒。）如果你的想法是一种声音，那么这个声音是从哪里传出来的？是大脑的中部还是某一侧？（暂停 10 秒。）

（4）注意想法的形式：是像图片、词语，还是声音？（暂停 10 秒。）

（5）想法是移动的还是静止的？如果是移动的，以什么速度、朝什么方向移动？如果是静止的，它们停留在哪里？

（6）想法的上面和下面各有什么？它们之间是否有间隙？

（7）在接下来的几分钟里，你要像一个初次接触想法的科学家，充满好奇地观察你的想法自由来去。

（8）你会不时地陷入自己的想法里，因而不再处于练习的状态。这是很正常也很自然的事情，它们会反复发生。一旦你意识到这一点，请温柔地承认它们，并重新开始练习。

附录 5-6　解离技术 3：随溪漂流的落叶

（1）以舒服的姿势坐好，可以根据自己的喜好，闭上眼睛，或者把注视点固定在某一点上。

（2）想象你正坐在潺潺流动的小溪边上，水面上漂浮着片片落叶。请尽情发挥想象。（暂停10秒。）

（3）现在，在接下来的几分钟里，"拿出"你大脑里蹦出的每个想法，把它们放在树叶上，让它们随着树叶漂动。无论这些想法是积极的还是消极的，愉悦的还是痛苦的，都放上去。即使它们是绝妙的想法，也把它们放上去，让它们随溪水漂走。（暂停10秒。）

（4）如果你的想法停止出现，那么请注视流水。你的想法迟早会再次出现。（暂停20秒。）

（5）让流水以自己的速度流动，不要试图加快它，也不要试图将树叶冲走，你要允许树叶以自己的节奏来来去去。（暂停20秒。）

（6）如果你的大脑说"这太蠢了"或"我做不到"，将这些想法也放到树叶上。（暂停20秒。）

（7）如果树叶被东西挡住，就让它在那里徘徊，不要强迫它漂走。（暂停20秒。）

（8）如果有不舒服的感觉出现，如厌烦或失去耐心，承认它就好。对自己说，"现在有一种厌烦的感觉"，或者"现在有一种不舒服的感觉"，然后把它们放到树叶上，让它们随之流动。

（9）你的想法会不时地"钩住"你，你就会不想处于练习的状态中。这是很正常，也很自然的事，它会反复发生。一旦你意识到这一点，请温柔地承认它，并重新开始练习。

在第九步之后，继续练习几分钟，并不时地用这句话来打断沉默："想法会一次又一次地'钩住'自己，这很正常。"一旦自己意识到了，从头开始练习就好。

06

心理动力视角下的压力

心理动力视角下的压力

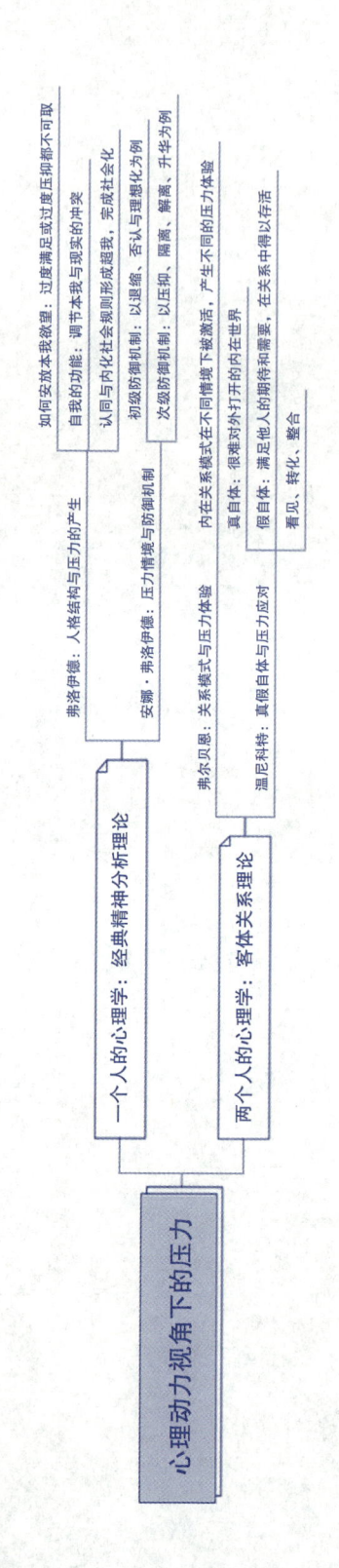

一个人的心理学：经典精神分析理论

- **弗洛伊德：人格结构与压力的产生**
  - 如何安放本我欲望：过度满足或过度压抑都不可取
  - 自我的功能：调节本我与现实的冲突
  - 认同与内化社会规则形成超我，完成社会化

- **安娜·弗洛伊德：压力情境与防御机制**
  - 初级防御机制：以退缩、否认与理想化为例
  - 次级防御机制：以压抑、隔离、解离、升华为例

两个人的心理学：客体关系理论

- **弗尔贝恩：关系模式与压力体验**
  - 内在关系模式在不同情境下被激活，产生不同的压力体验

- **温尼科特：真假自体与压力应对**
  - 真自体：很难对外打开的内在世界
  - 假自体：满足他人的期待和需要，在关系中得以存活
  - 看见、转化、整合

引言

从个体发展的视角看，压力是怎么来的，我们可以怎样去应对它呢？在回答这一问题之前，我们或许可以问问自己，我们人生中面对的第一个最具挑战的压力是什么呢？答案是出生。我们从受精卵逐渐发育为胎儿，在母亲的子宫中被温暖的羊水包裹，而某一天突然在一股推力的作用下呱呱坠地。出生，对于那时的我们到底意味着什么呢？我们在毫无准备的情况下与母体分离，降生在了这陌生的世界里，无比脆弱又束手无策，在我们的人生中还能经历比出生更大的压力事件吗？与出生相比较而言，当下令我们烦忧的种种，比如工作、学习、遇到困难、人际交往中出现摩擦，似乎确实没有那么难以承受。

以出生这一最初的压力事件为例，压力对我们而言到底是什么呢？压力从广义上来说是自我和外部的环境不协调。例如胎儿在母亲子宫里时，和母体环境融为一体，这是一个协调的状态。随后，自我与环境都发生了变化，二者的平衡被打乱，压力就产生了，而压力应对的过程就是自我与环境达成新的平衡的过程。

案例

W女士在博士后阶段进入了一个重点科研单位，取得了许多令人瞩目的研究成就，但她感觉他人所认为的成功对她来说像油纸上的一滴水，渗不下去，感到内心很空虚，有很强的无意义感，感受不到丝毫的快乐和满足。由于这种深深的自我与环境格格不入的感觉，W女士的身心状态每况愈下，发展到罹患抑郁症。但也正是因为此次危机，W女士决定不再放任情况恶化，而是选择对自己负责，她来到咨询室进行求助。

咨询师帮助W女士澄清自己真自体与假自体间的内在冲突，让她那在他人看来光鲜亮丽的假自体躯壳下常年不被看见、不被满足的真自体，获得被理解、被抱持的体验。此后很长一段时间，咨询师与W女士一同探索她的真实情绪感受与愿望欲求。最终，在真自体与假自体重新建立了平衡后，W女士的抑郁症症状得到了自然缓解。

像W女士这样由于自我结构的冲突而导致压力的产生以及无效压力应对的例子其实并不罕见，甚至我们自己在某些压力时刻也不可避免地会出现类似的困扰。那么接下来，我们将与经典精神分析与客体关系流派的心理学家一起，从"自我的结构与冲突"的视角，探索在我们成长发展的过程中，压力的来源、表现，以及可能的应对方式。

一个人的心理学：经典精神分析理论

（一）弗洛伊德：人格结构与压力的产生

弗洛伊德在与布罗伊尔共同催眠治疗一位叫安娜·欧的病人后发展出精神分析流派，提出了人格结构理论。

安娜·欧出生在非常压抑的维多利亚时代，当时安娜·欧的父亲得了重病。某天在病床旁照顾父亲时，她突然出现了神经性咳嗽症状，之后她同样是在照顾父亲时忽然出现了一个关于黑蛇的幻觉，出现了四肢麻痹的癔症性瘫痪症状。弗洛伊德发现安娜·欧的这些症状都是在照顾父亲时出现的，但是她本人不清楚这些症状在表达什么。

弗洛伊德认为安娜·欧在照顾父亲的过程中，可能有着强烈的内心冲突。一方面，作为女儿，她认为自己应该爱父亲，侍疾尽孝是理所应当的；但另一方面，作为年轻姑娘，她也有自己的需求与愿望，希望能够有自己的空间和天地，当想法无法被满足时，她对父亲可能也有恨意，包括想进行攻击。为了调和这样的冲突，症状以妥协、折中的方式出现。

在此基础上，弗洛伊德提出了**人格结构理论**，认为在个人成长的过程中，由于不断遭遇压力，本我、自我、超我这三种人格结构随之逐渐发展成熟。当人格结构间产生无意识冲突时，内心的平衡被破坏，就会导致新的压力产生。

1. 本我

每个人出生时，只有本我，即所有的配置都是为了满足自我的需要与愿望，可能想休息睡觉，想吃喜欢的食物，想与喜欢的人亲近，也可能想做攻击与破坏之事，等等。本我是人的本能，是生来就有的原始欲求，本我遵循的是快乐原则。但倘若人格结构中只有本我，那么会发生什么呢？如果世界上所有的人都只有本我，那会是一个怎样的世界，我们又想去哪儿呢？比如我们今天无限制地满足想要吃东西的欲求，一方面我们的身体承受不了，另一方面食物资源可能也有限。于是，在遭遇一些现实的压力后，我们的人格自然地发展出自我，调节本我与现实的关系，以达到一个新的平衡。

但实际上，在成长过程中无论对本我过度满足抑或过度压抑，都会使其无法良性发展，从而增加压力风险。例如，如果完全满足本我，让自己生活在一个完全没有缺失、没有挫折的世界里，在某种程度上也是对自己的一种伤害。因为如果永远以本我的形式存在，就可能没有机会发展出其他的人格结构，也就无法适应现实生活。

另一种情况是我们在大多数时候会有意识或无意识地抑制本我欲求，这可能是因为我们已经在超我的统治下过了很久，甚至有时会忘了自己想要什么。例如W女士问题的成因，很可能就是由于对本我的抑制或忽视，而导致本我所具有的天然的生机与活力也被湮没了。因此，我们可以常和本我聊聊，听听心底发出的那些声音，进行一定程度的自我照顾。

2. 自我

为什么会从本我分化出一个自我的结构呢？如上文所述，如果环境满足人所有的需求，可能就不需要分化出自我了。从这个视角来看，有压力或许并不一定是一件坏事，甚至正是在压力的作用下（在自我与环境的不协调中），自我遵循现实原则使人们得以生存和发展。因此在成长过程中，压力的产生可能是自我与外在世界区分的必要条件。

如果只有压力，我们就可以发展出自我了吗？答案是否定的。除了现实压力，还必须得有爱与支持的体验，只有这两方面取得一定平衡时，我们才有可能发展出成熟的自我结构与相应的自我功能来应对挑战，而不至于被压力完全压垮。

比如自尊、自信的培养，不是说在做好一件事情后能自我认可就可以了，而是即使事情办砸了，也能对自己不过分苛责，从容地自我悦纳。再比如延迟满足能力，那些早年被养育者很好地照顾过的孩子，会有耐心去等待满足，接受需求的延迟满足，而不是无法自控地追求即刻满足。因此，要想自我良性发展，在幼年得到爱是非常重要的前提。只有在童年早期感受到足够的支持、理解与包容，基于信任感与安全感，长大后我们才有底气去面对现实的压力，发展完善的自我功能与潜力。一个自我功能比较好的人（拥有计划、分析、管理能力），才有可能游刃有余地驾驭本我动力，利用它到达自己想去的地方。上文中 W 女士正是由于缺乏抱持涵容的环境滋养，导致其这部分的自我功能发展有限，她很难从心底唤起自我肯定与自我宽恕来应对压力。

3. 超我

当我们从婴儿成长为幼儿时，环境对我们的要求有可能以压力的形式呈现，使我们在自然人的属性基础上，发展出社会人的属性。当一些重要的他人对我们的某些言行举止表达拒绝、不满甚至对我们加以惩罚时，迫于关系的压力，我们被迫认同他们提出的规则，这会让自己在关系中感到安全。之后，我们会将这些规则主动内化为自己为人处事的态度与原则。正是通过认同与内化，超我得以形成。

面对本我的驱动下做出的事情，每个人的超我的态度和方式有时是不一样的，这种差异是什么原因造成的呢？答案可能是当我们在内心形成超我时，也会把早期成长过程中养育者与我们的关系模式内化下来。例如，同样是发现自己的工作或学习表现不尽如人意，有的人可能会认为自己非常差劲，产生自卑心理；但是另一些人可能只会觉得有一些失落；可能还会有人以其他的方式去面对同样的困境。因此，超我中除了为人处事的态度与原则，也包含对待自我的态度和方式。

（二）安娜·弗洛伊德：压力情境与防御机制

当遭遇压力时，我们的内心世界会发生什么呢？自我到底发挥了什么样的功能呢？安娜·弗洛伊德认为，当人们遇到一些压力事件时会自然启动防御机制。与身体被细菌或者病毒侵扰时免疫系统自发应对类似，当自我与环境不协调时，人们的心理也会启动免疫机制，即防御机制，这是一个自我适应的过程。因为需要适应现实环境，所以自我发展出防御机制来协调本我与现实以及本我与超我之间的关系。如同皮肤包裹身体一样，防御机制保护着人们内在人格结构的安全与稳定。当感受到压力时，人们就会无意识地启动防御机制来恢复内在平衡。倘若仔细觉察，就会发现，在生活中我们常常自动进行了很多防御工作。

有一个典型事例是"踢猫效应"：父亲在单位工作时被领导批评，感到挫败、愤怒，又无法对领导发作，回到家看到孩子不写作业在玩，于是训斥孩子贪玩；而孩子感到很委屈，又不敢惹怒爸爸，就踢了桌边的小猫，怪它挡住了自己的路。防御机制如此寻常可见，那在什么情况下它需要被调整呢？答案是，当自我的防御机制与当下的环境不再协调时，例如当我们僵化地过度依赖某种初级防御机制去应对所有情况时，可能会导致适应困难，此时就是改变的时机。

1. 初级防御机制

防御机制是在人们的成长过程中不断发展和丰富的。初级防御机制是生命早期人们使用的那些较为原始的保护自我的方式，主要有退缩、否认与理想化等。

我们是婴儿的时候，通常使用退缩这一防御机制。长大成人遭遇重大创伤时，我们可能会再次使用这一防御机制，例如在孩子因意外丧生后，悲痛的母亲可能会整天待在孩子的房间，像孩子还在世一样，抱着孩子曾经玩过的玩具，和死去的孩子互动交流。从防御的角度来说，这是为了防御丧失爱子的痛苦，这位母亲可能是通过退缩切断与现实的联系，不去看外面发生了什么，沉浸在自己幻想的世界中。W女士因对与人亲近或发展自我采取相对退缩的方法，因此很难感受到深刻的联结感与自我效能感，时常陷入无意义感中。

第二个常见的初级防御机制是否认。即当现实与内心不协调时，人们有时会选择不接受现实，甚至进行否认。

第三个常见的初级防御机制是理想化。比如在影视作品中总会有超人等全能英雄形象，这是因为当我们相信世界上有这种全能的存在时，好像也会给自己带来一些安全感和确信感。这也是为什么在原始时代人们更容易形成宗教信仰，因为相对那时的环境而言，人类群体很脆弱，必须得借由理想化来面对自己的脆弱，从无力的状态中解脱出来。

2. 次级防御机制

随着年龄增长与阅历增加，我们的人格成熟度会自然提升，发展出次级防御机制，例如压抑、隔离、解离与升华等。

压抑，指将某些思绪排除在意识之外。比如我们现在很想去休息放松，但还没到下班或休假时间，我们就会暂时压抑这些冲动和渴望，先将该做的事做完之后再追求需求上的满足。

隔离，指暂停自己的情绪加工，但让认知加工正常运转。例如有的医生不会在术前跟病人有过多情感交流，这是因为要保证自己能在理性状态下更好地做手术。

解离，指认知和情绪都停止工作了，既不知道发生了什么，也没有什么情绪感受。例如经历重大创伤的个体，通过解离状态，对处在崩溃边缘的自我进行心理上的保护。

升华，指把强烈的负性情感或者不被允许的本能冲动，以社会允许的方式表达出来。例如把攻击冲动转化为竞技运动，把悲伤、痛苦转化为创作诗歌、绘画等。

总的说来，次级防御机制是个体接受了外在现实，调整自我与环境的关系；而初级防御机制是个体拒绝或歪曲外在现实，切断自我与环境的联结。我们每个人都有初级防御机制，也有次级防御机制，但人格成熟度较高的个体，其次级防御机制使用频率更高，更具有情境的适应性。

两个人的心理学：客体关系理论

经典精神分析理论认为个体的驱动力是寻求快乐或回避痛苦，而客体关系理论主张人类的动力源自寻求客体与关系，将视角从一个人的心理学扩展到两个人的心理学，从客体关系视角理解压力的产生与压力的应对。

（一）费尔贝恩：关系模式与压力体验

费尔贝恩认为，人们是通过与重要客体（通常是母亲）建立关系以实现成长与发展的。起初，婴儿跟母亲互动时，母亲会很好地回应、满足婴儿所有的需求（喂奶、爱抚、保护），婴儿感知到被母亲全然地接受与爱护，也全然地敬爱与依附母亲，此时母亲被婴儿视为"被接受的客体"。

随后，人们渐渐长大会逐渐发现，这些"重要客体"也有自己的需要与愿望，人们终将不可避免地在某些时刻体验到需要不被满足、被拒绝、被限制。此时重要客体不再是人们所期待的理想状态，人们可能会因此讨厌甚至憎恨他人，他人被我们视为"被拒绝的客体"。

在成年后，那些没有满足我们的人身上具有诱惑力和吸引力，因为求而不得，反而可能被我们视为"令人兴奋的客体"。这似乎可以解释在寻找亲密伴侣时，一些人为什么总会找那些让自己受挫的人，产生强迫性重复。可能正是因为拒绝和兴奋的感受是连在一起的，即越是得不到，反而可能越是渴求，越想把得不到内化到自我中。

因此，费尔贝恩认为，在我们内心中，自我与他人是联系在一起的，存在无数自我与他人的关系配对，在不同情境下，不同的被内化的关系模式会被激活，进而产生不同的压力体验。

费尔贝恩进一步论述了在压力情境下"环境"与"自我"的相互作用过程。例如那些被父母虐待过的孩子，可能仍会选择不离开自己的父母，因为对孩子来说，感知到环境的熟悉与安全更为重要。即使客观环境并不好，但孩子会通过启动初级防御机制将其视作好的；倘若无法解决内在冲突，那么孩子就可能会通过归咎于自我（认为"我是不好的"）来重新达到内心的统合与平衡。

咨询师后来发现，W女士在内在客体关系模式中常常充斥着这种"被拒绝的客体"，她后来学会了通过对自我的否定来应对内心的冲突，这也可以解释斯德哥尔摩综合征。警方把人质解救出来后，发现有些人质"爱"上了绑匪，可能是因为在被绑架的过程中，人质受到了巨大的压力。与强有力的绑匪相比，自我力量太过脆弱，倘若允许自己意识到与对方对立的现实，可能会造成内心的彻底崩溃。因此在无意识中使用了初级防御机制，通过对绑匪本人以及彼此关系体验的美化，把自己依附在这一相对安全的内在现实环境中，让自己感受到安全与力量，从而应对极端压力。

（二）温尼科特：真假自体与压力应对

温尼科特提出，在面对压力情境时，人的自我分化出真自体与假自体进行应对。如前文所言，在生命早期，母亲需要满足婴儿的绝对自我中心，反复实现孩子的全部梦想，比如婴儿夜里醒来十次，母亲就得醒来十次。母亲必须首先给予婴儿足够的爱，满足其所有的需求，才能把力量赋予脆弱的婴儿，婴儿才得以存活。之后，随着孩子慢慢长大，母亲有时候无法满足其所有需要，孩子逐渐发现，当自己顺从某些规则或满足某些条件时，母亲好像会满足自己的需要，因此孩子学会了"乖巧""聪明""可爱"，假自体在此基础上得以发展。温尼科特认为，真自体是自我自发性的真实状态，而假自体的功能类似于防御机制，让人们通过满足他人的期待和需要进行压力应对，在关系中得以存活。

温尼科特认为，真自体与假自体都有其存在的必要，而一旦真自体与假自体之间的微妙平衡被打破，压力体验自然就产生了。

我们每个人的内心都会有一个绝对核心的真实自我，但这部分常常会与外界保持一定距离，甚至很难实现沟通。例如《月亮与六便士》中的主人公处于完全的真自体状态时，其画作无法获得他人的共鸣与认可。由此可见，真自体与环境的不相容有时会给人们带来压力。

但一个人只有强大的假自体就是一件好事吗？答案是否定的。当人完全被假自体占据时，真自体可能处在即将窒息而亡的危机中。例如本章案例中的W女士，面对别人夸奖自己很努力、很优秀、很好、很成功时，反而可能会感到非常有压力。这是因为当假自体被当作真实自我对待时，真自体没有被看见，甚至被全然地拒绝与否认，其内心便会产生深深的无力感与绝望感。

怎样解决真自体与假自体之间的这种冲突与压力呢？温尼科特提到了"过渡空间"的概念，即很多时候人们可以把真自体的部分转化成宗教信仰、艺术创作或游戏想象等，这些介于现实与理想的中间地带，人们可以在其中看到和表达真实的自我。此外，正如黑塞在《彷徨少年时》一书中所传达的，如果我们发现自己做的选择是由于内心的恐惧而对外在压力妥协或逃避，或是对他人期待懦弱的回归的话，那它就是细枝末节的，是不完整的内在体验。作为一个觉醒的人，只有一项义务，就是掌控自己的命运，然后全心全意地坚守自己的一生。

小结

上面我们从"自我的结构与冲突"的视角，一起探索了在人的成长过程中，压力的来源、表现以及可能的应对方式。弗洛伊德认为，随着个体的发展，促使人格结构逐渐分化为本我、自我与超我，以应对生存压力，而三者的冲突又导致了压力的产生。弗洛伊德进一步提出，当遭遇压力情境时，人们的自我会发挥重要功能，启用防御机制进行压力应对。而客体关系流派的心理学家费尔贝恩则将视角从经典精神分析的一个人的心理学扩展到两个人的心理学，认为人类的动力源自寻求客体与关系，在此基础上理解压力的产生与压力的应对。费尔贝恩提出，当人与重要客体进行互动时，可能会产生不同的关系模式（"被接受的客体""被拒绝的客体""令人兴奋的客体"），进而有不同的压力体验。温尼科特则认为，在面对压力情境时，自我会分化出真自体与假自体进行应对，而二者之间需要取得一定平衡才能确保机体的正常运转。

07

压力应对的理论与策略

压力应对的理论与策略

代表性压力应对理论

- 不确定性减少理论：无法忍受失控，通过寻求信息获得掌控感
- 未来取向应对理论：有心理预期，做事前准备
- 个人环境匹配理论：做喜欢或擅长的事，好像感觉没那么难
- 生命意义建构理论：启动生命意义感，提升正性情绪
- 认知评估理论：评估事件的影响与当前的资源，选择应对策略

典型压力应对策略

- 问题解决策略：将压力源视为挑战，积极应对
- 寻求信息策略：努力了解更多信息进而做出决策
- 绝望无助策略：感到威胁，产生退却、自我怀疑和困惑
- 逃离回避策略：以力逃避是一种解脱
- 自我依靠策略：自我安慰与积极自我对话
- 寻求支持策略：问题取向的支持寻求和情绪取向的支持寻求
- 依赖他人策略：反复抱怨、诉苦和依附
- 孤独隔离策略：自我封闭、退缩与念旧有关系
- 协商谈判策略：妥协、折中

引言

　　压力，已然成为笼罩在现代社会上空令我们不适的阴霾，它似乎无处不在，无时不有，给我们的日常生活和工作带来了巨大的影响。因此压力应对成为摆在我们面前刻不容缓的棘手问题。但我们更需要意识到，压力本身或许并不是问题的关键，自我所形成的应对压力的不当方式，才是导致痛苦与绝望、阻碍快乐与幸福的真正原因。

　　近年来，着眼于压力的产生、发展与管理的多种压力应对理论不断涌现，帮助我们对压力有了更清晰的认识。而与压力管理策略相关的理论研究与临床实践的进展提示我们，最为关键的是摒弃消除压力的不切实际的幻想，觉察、理解自己的压力应对策略，提升自己应对压力的灵活性，使自己与压力和谐共存成为可能。

案例

　　K女士最初为男友的优秀与魅力所吸引，认为对方愿意喜欢自己就已是受宠若惊了，而自己既然喜欢对方，就要接受对方的一切，无论是命令、要求还是金钱付出。为了避免亲密关系出现冲突，K女士虽然常被男友贬低、斥责，常常有委屈、难过、愤怒等感受，甚至发现自己好像被对方"控制"了，但K女士还是选择忍耐、沉默，甚至迎合、讨好，她总会通过自我安慰或合理化对方的行为等方式进行压力应对。但日益累积的情绪压力让K女士不堪重负，情绪越来越低落，身体也每况愈下，甚至由于自我怀疑以及过于痛苦而出现自伤行为。之后在亲友的鼓励下，K女士终于决定前来咨询。

咨询师引导K女士梳理清楚了自己的关系模式以及行为模式，K女士意识到自己在处理亲密关系压力的过程中，可能采用了不具适应性的单一的压力应对策略，最终导致了困扰的持续甚至境况的恶化。最终，K女士与咨询师一起探索并领悟了自己应对压力的资源与力量，在压力面前她也的确更加从容与自信了。

代表性压力应对理论

不确定性减少理论、未来取向应对理论、个人环境匹配理论、生命意义建构理论以及认知评估理论是具有代表性的压力应对理论。从这些理论视角来看，我们或许能理解诸如K女士等人所遭遇压力的发生、发展过程以及应对的可能性。

不确定性减少理论，指当遭遇压力事件后，人们会因不确定性产生失控感。为了减少不确定性，获得控制感，人们会想尽办法搜寻相关信息，例如向他人求助或寻求反馈，进行压力应对。

H先生有演讲焦虑，在公开演讲时，他对自己的表现和听众的评价都感到很不确定，进而倾向于认为自己表现得很糟糕，听众会对他品头论足，予以否定，因此出现严重的焦虑反应，尽量回避公开演讲。从不确定性减少理论来看，其实可以鼓励H先生寻求听众的反馈，从而发现他的想法中的不合理性，使其更加客观地看待听众的反应。

再如，面临求职季的毕业生可尽可能多地向学长学姐请教相关经验，例如招聘的时间周期，如何准备笔试、面试等。学校也会组织求职经验分享交流活动，搭建沟通的渠道。信息的增多会帮助大家减轻对未来不确定性的恐惧，从而减轻压力。

案例中的K女士最终正是通过向他人寻求帮助与反馈，在对自己有了更清晰的认识的基础上，减少了不确定性，给了自己更从容应对压力的机会。

未来取向应对理论，指在压力事件发生前，个体主动对未来可能发生的潜在压力情境有一定预期，有目的、有计划地提前做准备，制定方案，采取措施，进行压力应对。

如上面提到的H先生，他可以通过提前对演讲内容进行充分的准备，请朋友帮忙做听众，反复演练，并且对于将会在演讲过程中出现的焦虑反应做出应对方案，熟悉深呼吸、注意力回收等相关自我调节方法的操作，来帮助自己解决压力问题。

个人环境匹配理论，指当我们自身的能力、兴趣、性格、价值能够与环境相匹配时，压力感受会相对较低，压力带来的感受不会显得那么糟糕。例如当我们选择去做自己喜欢的或认可的事情时，虽然很困难，但兴奋感、价值感以及成就感会降低压力感。

H先生在应对演讲恐惧这件事情上，可以首先用自己感兴趣和认为有意义的主题进行演讲练习，这样更容易投入其中，给自己带来信心。如果不能做到完全脱稿演讲，可以提前准备演讲稿或者用PPT列出提纲。

生命意义构建理论，指在回忆受挫的事件及当时的感受之后，通过积极赋义启动生命意义感，提升正性情绪，达到减压效果。例如某人职场碰壁一事，或许也是个抛弃安逸稳定的幻想，走出舒适区，重新开始的契机。再如一位同学在演讲比赛中发挥不好，没有拿到预想的好名次，但通过复盘当时的情景，反思自己的问题，学习其他选手的优势，发现自己在演讲稿的撰写和演讲过程中的情感调动方面都有可以提升的空间，而这些问题在平时的练习中并未被发现。此次比赛失利正好提供了一个发现自己短板并加以补救的机会，这位同学会感觉到这正是失败带来的意义所在。

认知评估理论，是拉扎勒斯提出的，指个体面对应激（压力源）时所做出的认知或行为策略，其目标是改变应激情境或调节应激情绪。[1] 认知评估理论将应对分为两类：一类是问题取向应对，旨在解决引起压力的问题本身，例如采用寻求帮助或提升能力等方式以助于更有效地解决问题；一类是情绪取向应对，聚焦于减少应激源带来的痛苦情绪，例如采用情绪宣泄或自我安慰等方式以缓解情绪困扰。K女士应对亲密关系压力的做法是侧重于情绪取向应对，而且是采用通过对痛苦情绪进行压抑的方式，暂时缓解自己的困扰。而为了最终解决问题，应该经常同时使用两种同类型的应对方式，或在二者间不断来回切换。例如在遭遇压力时，人们起初可能会通过抱怨等方式做一些短暂的情绪取向应对，之后再回到问题解决应对中来。

认知评估是指个体对环境的要求做出解释以及对用以应对压力源的自身资源进行评估的过程。认知评估过程分为两个环节——初级评估和次级评估，这两个环节的评估先后发生，并各有侧重。初级评估关注应激事件是否影响到了个体的身心健康，而次级评估关注个体的自身资源和社会资源，则看其能否应对当

1　Lazarus, R. S. Coping theory and research: Past, present, and future[J]. Psychosomatic Medicine, 1993, 55(3): 234-247.

下的应激情境，并在备选的应对策略中做出选择。[1]

认知评估的结果受到一系列个体和环境因素的影响。重要的个体因素包括个人特质（动机性的）、目标、价值观、特定需要、能力以及对能力的评价等；重要的环境因素包括经济条件以及文化环境等。例如，在职场中，有时会要求我们即兴讲演，一方面，我们会对环境要求进行解释，认为这可能是展现自我的机会或陷入出丑的窘境；另一方面，我们会衡量自身资源与能力，认为是准备足够充分抑或是心里感到没底，这两方面的认知评估会决定我们压力感的大小。

认知评价模型如图 7-1 所示，我们可以通过具体的事例来理解。例如，Q 先生怀疑爱人出轨了，那么对 Q 先生而言，此时他首先需要对压力源进行初级评估，看看自己目前面临的是什么样的压力，以及对自己有着怎样的影响，即搞清楚对方是否真的出轨以缓解自己的疑虑与痛苦，并决定要不要继续维持婚姻。因此，他可能就需要注意辨识与积累资源以做好初级评估。之后 Q 先生花钱雇了一位私家侦探并给爱人的车装了定位设备以获取相关信息。在做了应对后，Q 先生进入次级评估阶段，评估判断是不是有效果以及是否需要补充相关资源。但后来 Q 先生确认了爱人未出轨的事实，打消了自己的疑虑。而爱人知道 Q 先生所做的

1　Lazarus, R. S., 1993.

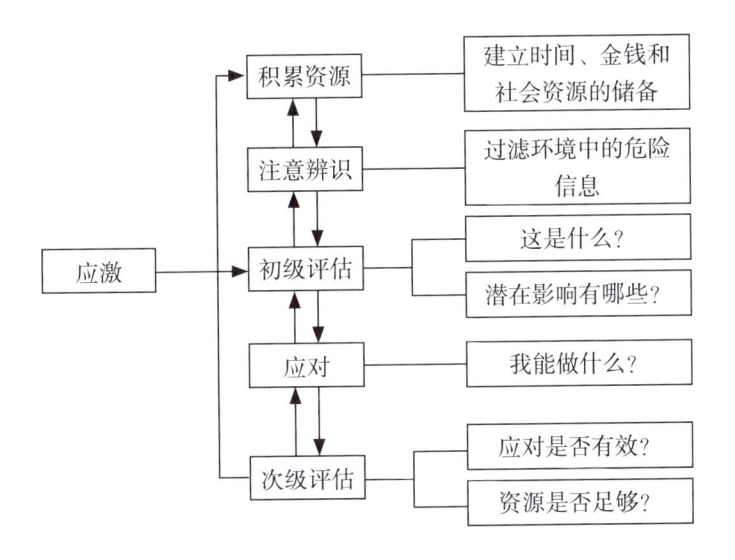

```
积累资源 → 建立时间、金钱和社会资源的储备
   ↕
注意辨识 → 过滤环境中的危险信息
   ↕
应激 → 初级评估 → 这是什么?
              → 潜在影响有哪些?
   ↕
应对 → 我能做什么?
   ↕
次级评估 → 应对是否有效?
       → 资源是否足够?
```

图 7-1　认知评价模型

一切之后，感到尊严被侵犯，信任被践踏，感情已经无法修复，坚决要求离婚。这个事例提醒我们，在制定压力应对决策时需要考虑行动之后的潜在影响以及多种可能的结果。

典型压力应对策略

上文着重论述了压力应对理论及相应的压力应对方式，下面我们将跟随斯金纳（Skinner）等人的研究思路，从三个维度理解自己的压力应对策略：（1）应激源被评价为一种挑战还是一种威胁；（2）应激源对个体的哪个方面（能力、关系/依恋还是自主性）会产生挑战或威胁；（3）个体的压力应对资源的来源是自我还是环境。[1,2] 这三个维度对应表 7-1 中 12 种应对方式。

表 7-1 压力应对方式

挑战或威胁的领域	关系/依恋		能力		自主	
知觉为挑战	自我	环境	自我	环境	自我	环境
应对方式	自我依靠	寻求支持	解决问题	寻求信息	调适自我	协商谈判
行为举例	自我安慰 积极自我 对话	寻求安慰 寻求帮助	努力 鼓舞 制定策略	观察 学习 寻找信息	投入 服从 顺从	折中 站在他人 立场
知觉为威胁	自我	环境	自我	环境	自我	环境
应对方式	依赖他人	孤独 隔离	绝望 无助	逃离 回避	屈服 投降	敌对 怠工
行为举例	反复抱怨 诉苦依附	退缩 思念旧有 关系	退却 自我怀疑 困惑	逃跑 回避 拖延	僵化 固着 无反应 过度思虑	攻击 敌意 报复 消极怠工

接下来我们将具体介绍 9 种典型的压力应对策略。

问题解决策略，指人们将应激源看作对自我能力的挑战而非威胁，同时认为环境是可控的，从而积极应对，涵盖了聚焦问题的一系列主动的应对方式，包括努力、鼓舞、反思、总结以及制

1　Skinner, E. A., Edge K., Altman J., et al. Searching for the structure of coping: A review and critique of category systems for classifying ways of coping[J]. Psychological Bulletin, 2003, 129: 216-269.
2　Skinner, E. A., & Zimmer-Gembeck, M. J. The development of coping[J]. Annual Review of Clinical Psychology, 2007, 58: 119-144.

定策略等。[1]

例如，当孩子在学校里遇到小伙伴恶作剧被欺负时，可以和孩子一起复盘事件的发生、发展过程，反思、总结、梳理相关情境的特点，制定策略。在一般情况下采取冷处理的方式，不去理会这些玩闹，对方可能会感觉好像没有获得互动，也就不再有敌对行为了；但如果问题特别严重，一定要在第一时间向老师、家长寻求帮助，以解决问题。

寻求信息策略，指人们试图了解更多关于应激源的信息，涵盖压力事件过程、原因、结果和意义，以及可能的干预与补救的对策，包括观察、学习（经验）以及寻找信息等。有研究发现，善于寻求信息的大学生通过主动寻求和自身学习与生活相关的信息，或者及时获取对自身表现的反馈，往往可以减少不确定性或混乱感，从而提高自己对大学生活的适应度。[2]

再如，我们在身体不适时大多会想到去寻求相关信息，可能会通过搜索引擎进行检索，了解症状或疾病本身的属性与特点；可能会去询问有过类似经历的亲友，了解其他人克服困难的经验；也可能会去求医问诊寻求专业帮助；还可能会去阅读书籍，

---

1 Aryee, S. & Stone R. J. Work adjustment and psychological well-being of expatriate employee in Hong Kong[J]. The International Journal of Human Resource Management, 1996, 7: 150-164.
2 Ashford, S. J. & Black, J. S. Proactivity during organizational entry: The role of desire for control[J]. Journal of Applied Psychology, 1996, 81(2): 199–214.

特别是一些自助图书或手册等，以解决问题或者达成目标。例如K女士在自我疗愈的过程中，通过搜集、了解、掌握相关知识进行自我帮助，减少了一些不确定性，缓解了焦虑及担忧的情绪，从而帮助自己更快地恢复了身心健康。

绝望无助策略，指人们将压力源知觉为威胁，以放弃或撤销控制的方式进行应对的策略，包括退步、自我怀疑和困惑。其中自我怀疑较具代表性，指人们对自己的能力、性格以及自我价值等方面持不自信或否定态度，导致失去一些重要的机会。

例如，我们在进入一个新的充满竞争的环境初期，可能会出现适应困难，以他人为参照系进行比较后对自己的能力产生自我怀疑，认为自己是最差劲的，甚至不断自我否定，看不到自己的进步，面临新的机会也采取惯性退缩，生怕自己说错话或做错事，告诉自己"不行"，然后就不去做了，进而更加不自信。

这也是K女士起初在遭受亲密关系压力时的深切感受，认为自己陷入了绝境，却又不敢奢望他人的帮助或企盼境况的自行好转。所以，生活中我们需要跳出自我怀疑造成的恶性循环，以自我为参照，挖掘自己的资源与力量，认可自己的成长与进步，增强自我效能。

逃离回避策略，指人们将应激源知觉为一种威胁，继而希望从应激事件中解脱出来或者远离应激源的一种应对方式，包括逃避、拖延、转移注意力等行为（见图 7-2）。[1] 逃避是指不面对问题，任由问题恶化，直到最后也不做出任何决定；拖延是指因缺乏兴趣、有所畏惧或者习惯使然，在焦虑中拖到最后一刻才去解决问题；注意转移是指起初不去解决问题，以让自己感到短暂开心，到最后再解决问题。

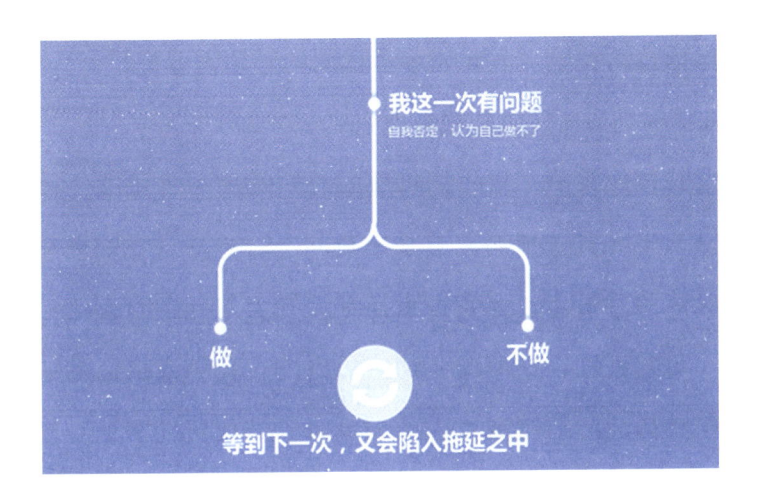

图 7-2　逃离回避策略

例如，当 K 女士与伴侣产生矛盾时，最开始她采取了回避的方式以避免可能出现的人际关系冲突，虽然没有选择逃离这个环境，但她总是带着不愉悦默默忍受，而此时她的内心是非常煎熬的，且问题也不会因为她的逃避就自动消失。因此人们需要沟通

1　Aryee, S. & Stone R. J., 1996.

交流彼此的想法与感受,通过协商谈判达到妥协、折中以解决问题。再如在大学期末考试周,学生们需要完成很多项任务,准备考试、写论文、做课堂报告等,但由于要做的事情太多,很多学生在任务布置初期一直逃避、拖延,并没有进入学习的状态,或者干别的与学习无关的事情,没有做好时间管理,把所有任务都堆到临近截止日期熬夜完成,造成自身非常焦虑,而任务并不会因为拖延自动完成。因此处于考试周的学生需要提早做好规划,合理安排时间进度,更加积极地完成学习的任务。

自我依靠策略,指人们将应激源知觉为一种挑战,通过自我认知调整和自我情绪调节来应对问题,包括自我安慰和积极自我对话两种策略。自我安慰指在认知上对问题合理化,采取接受现实的态度,进而调节情绪;积极自我对话指用更加积极的视角看待应激情境或者失败的结果,从而更充满信心地面对生活。

例如,有时我们可能对自己将要获得的一些荣誉或成就信心满满,但结果却不尽如人意,于是陷入挫败与失落的情绪感受中。倘若此时能通过观察、复盘整个事件过程,有针对性地给予自己一些反馈,例如发现自己可能有些浮躁或急于求成,然后采取积极自我对话的策略鼓励自己——这实际上是个让自己清醒看到差距、发现问题的契机,如果把握住,或许就可以在此基础上通过继续努力争取做到更好。

寻求支持策略，指人们将应激源知觉为一种挑战，从环境中寻求支持以应对，主要分为问题取向的支持寻求和情绪取向的支持寻求两种类别。前者的目标是获得解决问题的建议和工具性帮助，而后者是寻找情绪、情感上的接触与安慰。

例如K女士在咨询后，渐渐明确了自己与伴侣的亲密关系状态，决定与伴侣分手。她从两个人的亲密状态转为单身状态时，感觉很不适应、很孤独、很难受，此时她采取了情绪取向的支持寻求策略，比如向朋友们倾诉以寻求支持、安慰或者建议，最终在朋友们的陪伴下渐渐地走出来了，重新投入到自己当下重要的人和事上。

依赖他人策略，指人们将应激源知觉为一种威胁，过多地通过依靠他人来宣泄情绪以及获得陪伴，包括反复抱怨、诉苦和依附（过于依赖他人的陪伴或照顾，以致心理年龄显得与实际年龄不相符）。

例如，某人在遭遇不顺心的事情感到苦闷时，可能会通过依赖他人的方式，不断问他人诉苦、抱怨以舒缓情绪，甚至可能每天会通电话长聊很久。但是如果一直只用这一方式应对，可能彼此都会感到情绪低落且于事无补，甚至他人也会觉得自己是情绪的垃圾桶，一直承受朋友倾诉的负能量，长此以往不堪其扰。因此，在遭遇不顺时，我们应采用情绪导向应对，即在解决问题方面要迈出大步。

孤独隔离策略，指人们将应激源看作一种威胁，感到自己无法应对，同时也不希望别人了解自己的应激状况，更不愿求助于他人的一种在人际关系上采取自我封闭式策略，包括退缩和思念旧有关系等的行为。退缩是指远离他人或阻止他人了解应激情境的行动或情绪结果，大多是一种无意识、自动化的应对方式；思念旧有关系是指不愿深入接触现有的人际关系，陷入对过去关系美好状态的怀念中。

例如，K女士在遇到困难时可能就是因担心会被小瞧或被拒绝而选择不对外透露自己陷入困境的情况，认为很多问题都应该自己解决，对他人愿意帮助自己以及能帮助到自己的可能性采取退缩的态度，决定不向其他人求助，最终和他人关系疏离，问题也没有得到解决。因此我们在遇到问题时还是需要走出自我封闭，及时找寻关系并获得他人帮助，以免贻误解决问题的良机。

协商谈判策略，指人们将应激源知觉为一种挑战，通过各方谈判、协商、制定规则等方式解决分歧和矛盾，多见于解决集体生活中的人际关系冲突。

例如在亲密关系中，人们可能时常会因彼此的期待或需求没有得到满足而产生矛盾。可能恋人工作很忙，喜欢那种低频次但更深度的交流，而我们自己想要时不时地和对方分享一些生活中的小事，获得即时的回应与反馈。此时倘若沟通不畅，勉强忍耐，可能彼此都会感到委屈、受伤或不耐烦，甚至出现互相指责、抱怨的情况，进而威胁到关系的稳定。在这种情况下，我们需要采取协商谈判的策略，开诚布公地谈论彼此的想法、感受与需求、期待，进而找到一个折中的方式妥善处理问题，比如约定固定的聊天时间，并在此基础上视情况适度增减，问题也就自然而然地解决了。

小结

我们会发现在所有应对方式的类型中，没有任何一种应对方式被认为是绝对有效的。例如，投入型应对方式在绝大多数情况下被证明是可以有效解决问题和改善环境的，但在面对一些不可控的应激源（如"不治之症"）时，无法发挥作用，甚至对身心健康有潜在威胁。而接受现实等自我调适型策略以及回避型策略，在一般情况下可以帮助我们克服当下的焦虑，但如果过度僵化使用，也可能会因为采取了屈服或者放弃的态度，反而引发负面情绪。因此，对任何一种应对策略进行有效性的评估，都离不开具体情境。

08

心理潜能:
压力管理的
核心资源

心理潜能：压力管理的核心资源

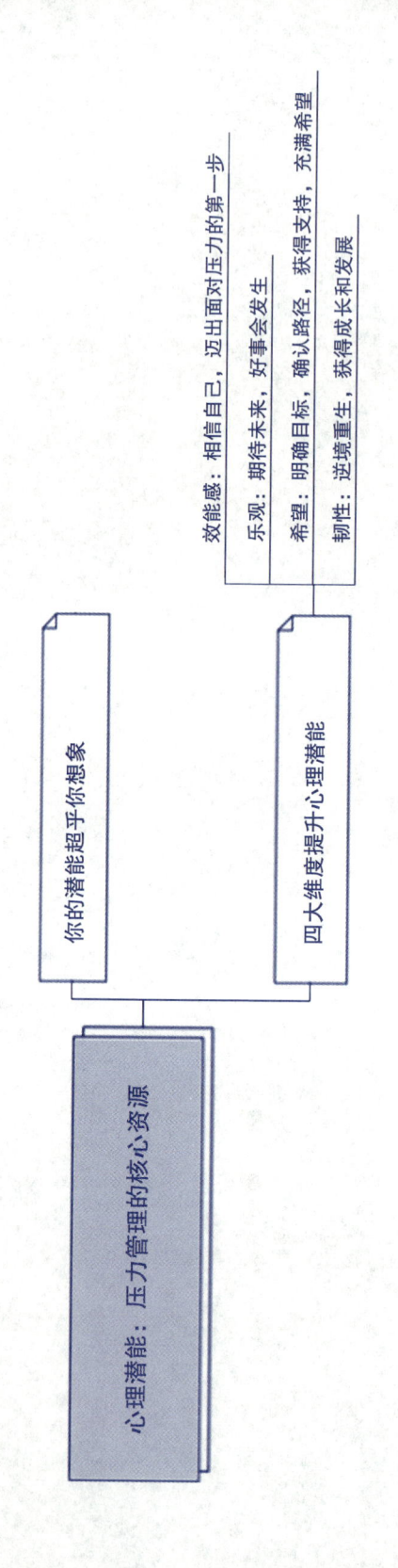

你的潜能超乎你想象

四大维度提升心理潜能

- 效能感：相信自己，迈出面对压力的第一步
- 乐观：期待未来，好事会发生
- 希望：明确目标，确认路径，获得支持，充满希望
- 韧性：逆境重生，获得成长和发展

引言

想要增强自我的应对灵活性,增强应对策略的有效性,离不开内在的心理潜能。心理潜能指的是应对生活中的压力、挫折以及消极情绪,从而做到自我实现的能力。它主要包括效能感(efficiency)、乐观(optimism)、希望(hope)与韧性(resilience)四项积极品质。我们将这些应对未来和促进发展的心理资本,叫作心理潜能。它对我们应对压力、敢于创造非常重要,但也被不少人埋于心底,就像被封存的宝藏一样,等待着人们去挖掘。而正念、催眠、听音乐、绘画、运动、读诗词等压力管理的实践和体验,可以帮助人们提升内在的心理潜能,应对挫折与创伤。

案例

陈鹏(化名)是一名研究生,他刚考进一所重点大学读硕士,觉得各种压力扑面而来。例如,他感觉周围的同学都比自己强,这让他觉得很自卑,不敢主动和别人建立联系,害怕被他人拒绝,被他人看不起;当遇到一些很难的专业课,让他觉得难以应付的时候,他就想躲,并且开始怀疑自己的能力——

是不是选错了专业、未来能否顺利毕业等。当想到这些的时候，他会感到绝望和崩溃，这种情绪让他更加想放弃学业，更加不愿意付出努力，于是他开始沉迷于网络游戏的虚拟世界中。

情境 1：在课堂上，陈鹏不敢举手发言，认为自己不如别人，认为老师和同学会否定自己，认为会得到各方面不好的评价；即使偶尔鼓起勇气站起来回答一次问题，也会因为一直想着被人评价和否定而无法全身心投入，表现糟糕。到后来，在课上只要一想到发言，他就会心跳加速、紧张焦虑，于是后来选择回避，减少生理上和情绪上两个层面的折磨。但是随后又会因为胆怯错失良机批评、责备自己，最终，影响到自己的自信心。而当众发言变成了他的一种心理障碍（见图 8-1）。

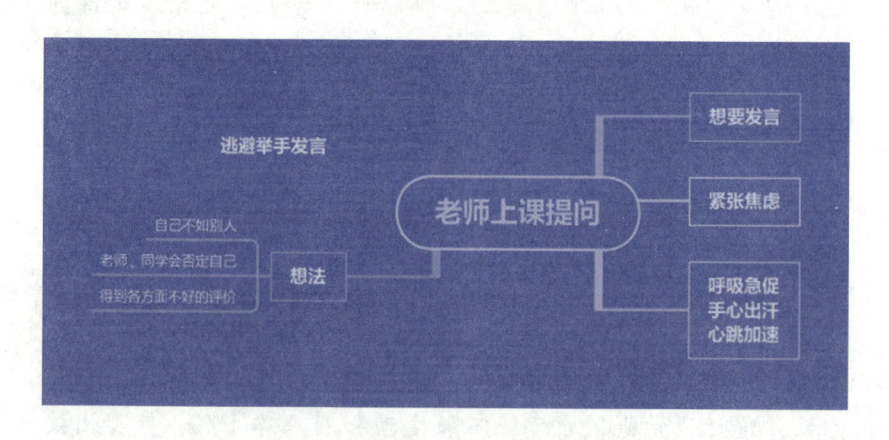

图 8-1　陈鹏课堂发言方面的心理障碍

情境 2：在课后，陈鹏在集体中也会有不自在感，既不知如何与他人交往（缺乏技能），又认为别人都是在一个"圈子"中的，而自己是被排斥在外（缺乏归属感）的，不会有人愿意和自己主动交往。因此他在集体中既不想说话（怕说错），又为了避免说话而远离集体（怕被邀请表达自己的看法）。他还感到周围的人对他没有善意，感到自己被孤立（见图8-2）。他认为与人交流本是很平常的事，自己都已经成年了却还不怎么开窍，非常没用。通过咨询师的询问，他澄清了原先自己的一些问题，比如，"认为自己是浅薄无知的""认为自己是无能的""认为自己不值得被爱、被欣赏、被尊重"。

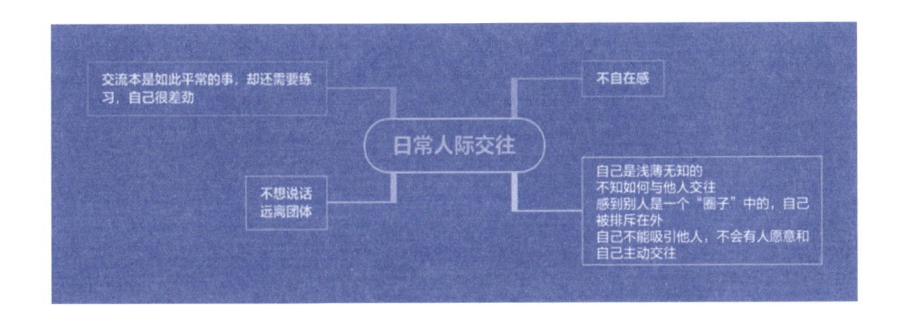

图8-2 陈鹏日常人际交往中的心理障碍

情境3： 做作业的时候，遇到难题，陈鹏会很烦躁，认为自己永远都做不好，怀疑自己不应该读这个专业，不应该来这所强手如云的重点大学读研。一想到此，他便开始一心想躲开问题。而身处这个让他烦躁的情绪节点，他会忍不住开始玩手机、刷视频、打游戏，让自己深陷其中，直到筋疲力尽才结束。结束后又开始进行自我批评，认为自己自制力太差，想着干脆就破罐破摔吧，从而陷入了绝望的情绪（见图 8-3）。

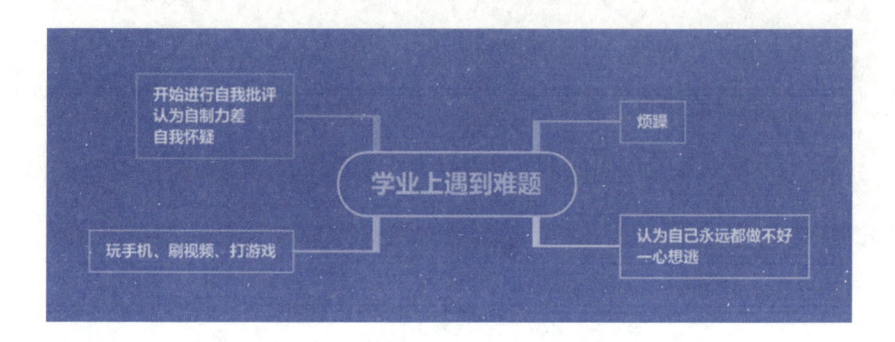

图 8-3 陈鹏学业方面的心理障碍

你的潜能超乎你想象

从陈鹏的案例中，我们可以看到在这三个情境中，他的心理状态有一个共同的特征，那就是自我效能水平低，自我怀疑度高，因此，导致了他悲观、脆弱和绝望的不良心境，并引发逃避的行为。这些行为的具体表现就是上课不敢发言，远离同学，玩手机成瘾。实际上，从积极心理学的视角来看，陈鹏的这些不良反应，都是心理潜能低的表现，他陷入了"不相信自己有能力做好事情"的"低效能"状态中;"觉得自己是永远都不行"的"低能"人;处在遇到挫折就心态崩掉的"低韧性"状态中;他没有目标,也不知道该怎么走出"低效能"状态。

与遗传特征、人格特质不同的是,心理潜能是一个状态变量,也就是说,它是可以被环境改变、被自主意志开发的,是人人都能切实拥有的。关于神经可塑性的研究证实,人可以通过不断的训练来挖掘内在的心理潜能,将它变成一种显性能力,从而促使人在工作和生活中发生改变。因此对陈鹏而言,他的心理状态是可以改变的。那么,该怎样认识心理潜能的不同维度,并且逐个激发它们呢?

四大维度提升心理潜能

如引言中所述,心理潜能主要包含效能感、乐观、希望、韧性四个维度。接下来,让我们具体看一看这四个维度。

第一个维度是**效能感**。

你相信自己吗?你是否知道自己要获得成功需要具备哪些素质呢?如果你的回答是相信自己,并且充分知道自己具备获得成功的素质条件,就说明你在效能这个维度水平较高,它能激励你去选择挑战,并且能充分调动你的力量和技能去面对压力、战胜困难。

陈鹏是一个反例。他的口头禅是"感觉自己好差劲""我再怎么努力也是白费""我觉得自己不被别人喜欢""我不会得到别人的尊重""对别人来讲,我没有什么价值",这是效能感非常低的表现。

如果你想评估一下自己的效能水平,可以仔细想想,你的自信表现在哪些地方?你的自信表现是如何随着时间及情境发生变化的?我们每个人都有自己的舒适区,会对自己已经熟练驾驭的领域充满自信,在面对新领域的时候,不那么有信心是比较正常的现象。对于大部分人来说,需要在既有效能感的水平上,克服面对新领域的畏惧心理,才能真正发挥自己的效能,有稳定的效能感。

此外,值得一提的是,效能感是所有心理潜能的基础,因此,提高效能感是发挥心理潜能的第一步。

第二个维度是**乐观**。

乐观这个词在我们的生活中经常用到,意思是预期未来有积极和令人满意的事。其实,心理潜能中的乐观不只是一种预期好事会发生的性格倾向,还包括整体的积极预期。这些预期取决于个体解释过去、现在和将来,为什么会发生积极或消极事情的理由与归因。你可能会花很多时间和精力去关注消极的事件,但如果你不用乐观的解释去理解这些事,那么很有可能你的内心仍然是悲观的。

例如，如果陈鹏从不举手发言，或者只要一发言就表现得很糟糕，他会将失败归结于自己的能力差，并且认为自己永远无法改变，这说明他非常悲观。相反，如果他在某一次课堂上鼓足勇气，大胆举手发言，并且表现不错，他会将成功归因于自己的努力，并且认为以后通过持续的努力还会获得类似的成功，这则说明他开始变得乐观。

我在咨询中，经常会遇到来访者抱怨求职难、考研出国压力大、岗位晋升难等各种各样的问题。有的人会认为，过去各种考试、面试自己都成功应对了，所以对未来也不用担心；而有的人会抓住自己履历上的不足，怪自己没有早点儿准备，对能否拿到高成绩、能不能刷出托福或 GRE 的高分、有没有拿得出手的实习经历等各个环节都充满怀疑，这就是悲观的表现。

第三个维度是**希望**。

希望指向于我们并不确定的未来情境，换句话说，就是你觉得未来有没有"奔头"。

你可以问问自己，在没有既定目标的情况下，你会不会主动为自己设定目标？你为自己设定的目标是否具有挑战性？你愿意为这些目标奋斗吗？为了实现自己定下的目标，你会持续数小时、数天、数月，勤奋不懈地工作吗？

如果肯定的回复占大多数，那么你身上就体现了希望中的意志力要素。然而，仅仅具备高意志力，仍不代表心理潜能中的希望值高。为了获得成功所需的高水平希望值，你还必须对以下问题给出肯定的回答：你是否会主动选择成功的线路？你是否知道如何寻找、评估和执行可以获得成功的备选方案？你是否具有管理自己的弱项和缺点的能力？这些问题都是在描述一个人是否会选择切合实际又符合目标的路径。

在陈鹏的案例中，他对自己在当众发言中获得成功、在人际关系互动中做到自然流畅地表达自我以及顺利应对学业挫折是没有信心的。他既没有目标也没有方法，也就是说，他并不相信自己可以突破障碍，实现理想的目标，更不知道应该怎样实现这一目标，因此他会感到绝望。

积极心理学家通过多年的研究发现，高希望值的人在学业成绩、身心健康、生存和应对挑战方面都表现突出。然而，也有一些人面临着希望上的危机，"丧文化"盛行，就是因为这些人缺乏构成希望的三个要素：至少有一个令人振奋的目标；有一个凭借意志（自主性）和资源（路径）实现目标的信心；有一个能够经常关心、鼓励我们的重要人物。人只要拥有了这三个要素，就能摆脱"丧状态"，过上充满希望的新生活。

最后，我们讲讲心理潜能的第四个维度——**韧性**。

不知道大家小时候看没看过《未来战士》这部电影，电影中有一位从未来穿越回来的液体金属机器人，他拥有最新的科技和特异功能，即使在被枪炮攻击破坏后，也能在几秒以内恢复原有的结构与功能，继续投入战斗。

其实我们每个人的内心也有这么一种特异功能，叫韧性，或者叫复原力。韧性水平高的人在遭遇挫折后，心理功能能够快速恢复；而韧性水平低的人，往往会被低水平的挫折事件打倒，从此一蹶不振。

在心理学研究中，我们将经历过重大创伤后不仅没有沉沦反而获得成长的现象叫作创伤后成长。我们将心理韧性定义为"从逆境、矛盾、失败甚至积极事件、进步和更多责任中恢复的能力"。在心理潜能的视角下，韧性不仅仅包括恢复正常，还包括把逆境当作通向成长和发展的桥梁。想一想你上一次经历逆境、冲突、失败时，你是如何应对的？有效吗？现在你从中恢复过来了吗？你学到了什么呢？

对陈鹏来讲，他或许曾经尝试过去突破自己在各个方面的困难，但是仍然遭遇了失败。例如由于过度紧张，大脑常常一片空白，发言时磕磕巴巴。这时候，高水平的韧性可以帮助人们接受失败，把注意力放在总结经验教训、完善下一次的发言上；而低水平的韧性特点是放弃下一次的努力和尝试，把注意力放在自我批评和自我贬损上面。

小结

当我们遇到某一挫折时，如果我们的效能感水平低，就会变得悲观，没有希望，复原力水平也会比较低，很容易选择逃避和放弃，同时会感到焦虑、抑郁和失落。当被这些负面情绪包围时，人们就会降低对自己的评价，导致心理潜能水平变低，这就形成了一个恶性循环。陈鹏的故事就是一个典型的恶性循环案例，当他心理潜能低的时候，他的认知就变得悲观。他把已经发生的事情和没有发生的事情做负性归因，这些归因让他丧失了希望感，从而进一步否定自己，否定未来，最终丧失了行动的勇气。

根据本书第二章的介绍，神经可塑性是人们对压力做出适宜反应和有效应对的生理基础，心理潜能的表达亦如此。究竟应该怎样通过对大脑神经回路的干预与建设，帮助那些和陈鹏有着类似遭遇的人呢？从下一章开始，我们将介绍如何通过正念、绘画、听音乐、运动、学诗词和催眠等帮助这些人应对外在压力和提升心理潜能。

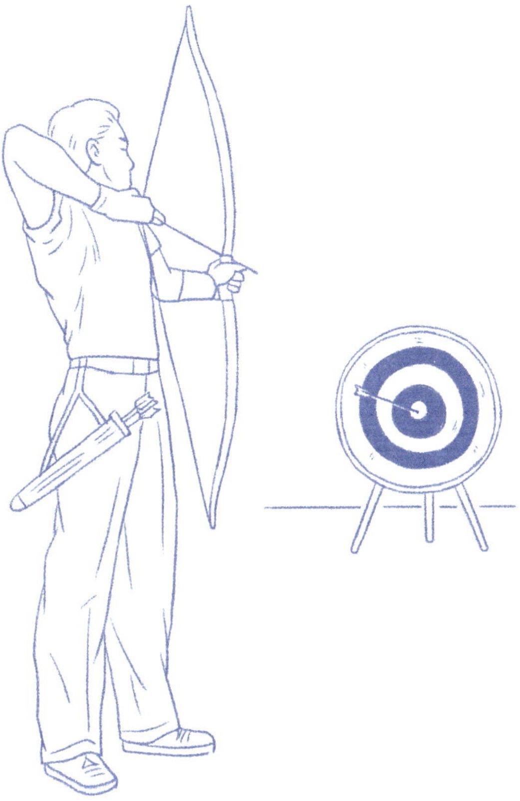

09

正念减压

正念减压

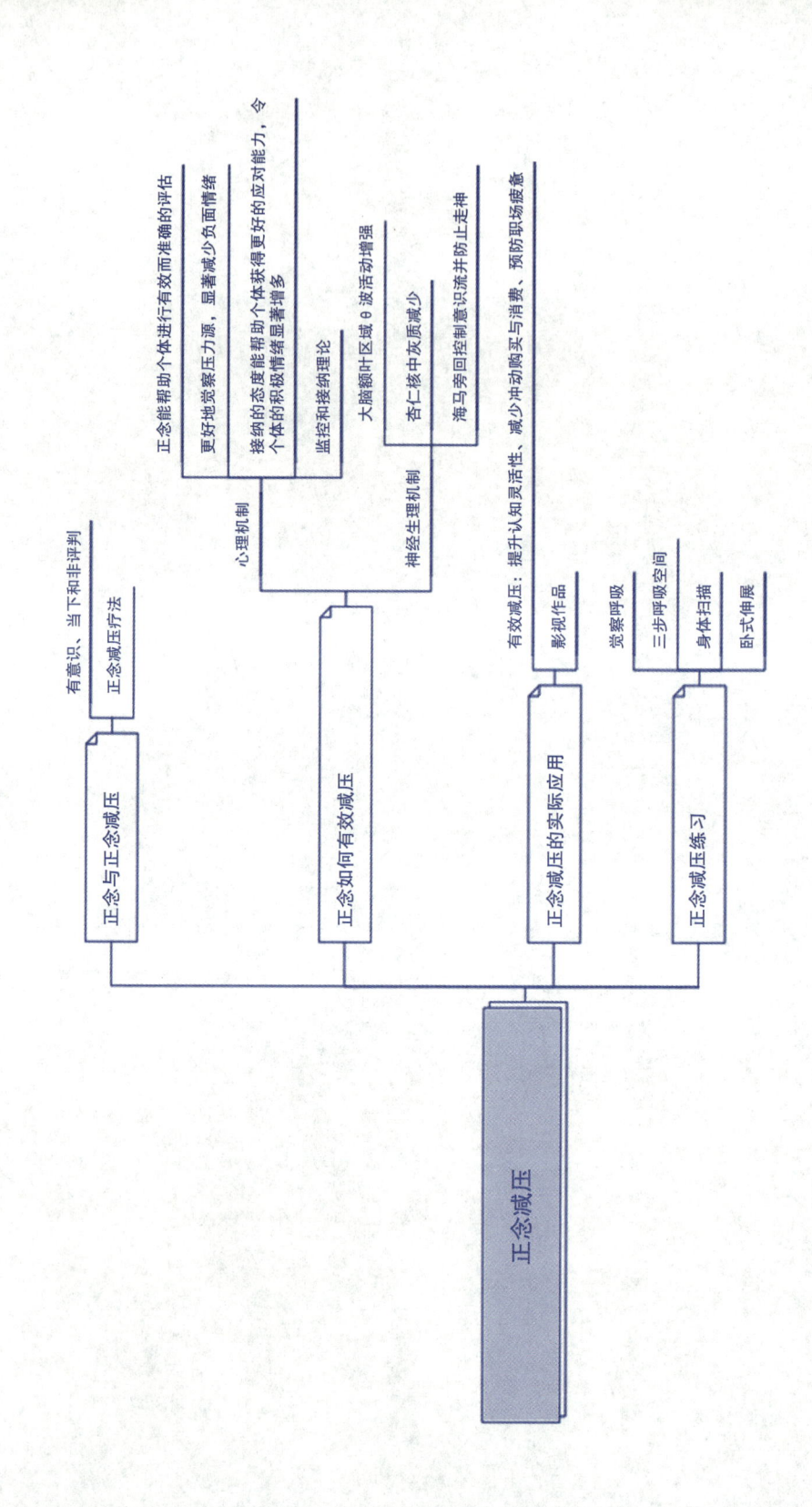

正念与正念减压
- 有意识、当下和非评判
- 正念减压疗法

正念如何有效减压
- 心理机制
  - 正念能帮助个体进行有效而准确的评估
  - 更好地觉察压力源,显著减少负面情绪
  - 接纳的态度能帮助个体表现得更好的应对能力,令个体的积极情绪显著增多
  - 监控和接纳理论
- 神经生理机制
  - 大脑额叶区域θ波活动增强
  - 杏仁核中灰质减少
  - 海马旁回控制意识流与冲动购买消费、预防职场疲惫

正念减压的实际应用
- 有效减压:提升认知灵活性、减少冲动购买消费、预防职场疲惫
- 影视作品

正念减压练习
- 觉察呼吸
- 三步呼吸空间
- 身体扫描
- 卧式伸展

引言

自二十世纪五六十年代以来，人类注意力的方式在呈现上已有很大改变，比如日常生活中的碎片化注意力、多重任务加工等。从二十世纪八九十年代到现在，这个趋势更加明显。碎片化意味着人们的注意力不断地被分割，时代的焦虑和焦躁不断向人们奔袭而来。而在生命的长河中，有些人经常无法真正安下心来，感觉有很多事情没有做，比如：身为学生的一些人认为有很多作业没有完成；作为父母的觉得自己工作未完，回不了家，没有时间陪孩子；此外还会出现跟恋人、同事之间产生冲突等问题。由于人们的注意力不断被分割，导致这样一个不断分割的过程给人们的身心带来了很多压力。以乔·卡巴金为代表的研究者发现了一种来自东方文化可以用来对抗时代压力、提升心理潜能的秘籍——正念冥想。而随着时代的发展，正念冥想也逐渐成为一种潮流。

案例

来访者H面临实习任务，虽然领导和单位对其很器重，但由于与同学之间存在竞争关系，这让他压力倍增，出现焦虑情绪；对未来的焦虑和担忧又促使H忙于人际关系，无法专注投入工作，感觉自己心力交瘁，非常痛苦。我们教他使用正念减压干预，指导他进行觉察呼吸、身体扫描、伸展等正念练习，调节他的身心焦虑水平和不良情绪状态，提高他工作时的专注度，调整他的认知系统，让他身心达到和谐，并在此基础上，帮助他设立不同阶段的目标。后来，H表示压力得到缓解，工作更有效率，并在实习中获得了认可。

正念与正念减压

根据乔·卡巴金对正念的定义，其原始的宗教意义已被剥离，而更多强调它是一种特殊的觉察状态，由有意识（on purpose）、当下（in the present moment）和非评判（non-judgmentally）这三个要素构成[1]。正念就是当我们去觉察的时候，没有任何情绪性的评判，同时还能有效觉察主体之外所呈现出来的世界。在东方文化中，人们在探求人的本性和本质的时候，慢慢发现只有当下的那一刻，才可以创造出自己的幸福，才可以放下所谓的压力，因此古代的先贤们在训练自己的身心和应对外界

1　Kabat-Zinn, J., 2003.

带来的压力时，找到了正念的训练方法，即觉察和觉知。我们可以结合两可图（见图9-1）来感受通过觉察和觉知带来的正念减压的状态。在看两可图时，我们可能会看到一个画面，也可以很快地切换到另一个画面，但只能看见两个画面中的一个，不可能在一个时间点上同时看见两个画面。这就说明人类大脑的神经网络给我们以正念的状态就是在当下的那一刻，我们也只能选择这一个点，但是在这一个点上又同时存在两种可能性。

所以大脑希望我们保持一种正念的状态，即当下的这一刻。我们只做一件事情，让整个身心合一，感觉放松。我们在上一章讲过"心理潜能"这个概念，当人们身心合一的一刹那，心理潜能会被激发，可以激发更多的可能性，帮助人们克服绝望、自

图9-1 两可图：花瓶还是人面？

卑、脆弱和悲观，从而应对压力。当然，人在做一件事的时候如果还在想着其他事情，压力就会产生。由此可见，H在实习时，面对工作和复杂的人际关系疲于应付，所以没法安心投入到工作任务本身，于是产生了压力。

此外，阻碍心理潜能发挥作用的因素还有评判的思维习惯。评判在人类历史上占据了很长时间，在整个人类历史进程中，评判推动整个人类的智力有了飞跃性的变化。所以直到今天，我们的大脑仍没有一刻停止过对外界的评判。在生活的很多层面，如工作、学习、人际交往，我们都经受着评判所带来的压力，而正念可以让我们学会接纳、用不评判来减轻压力，从而不受压力的控制。

科学正念减压的发展，可以追溯到乔·卡巴金以及他1979年在美国麻省大学医学院创建的减压门诊和正念减压疗法（Mindfulness-Based Stress Reduction，简称MBSR）。[1] 正念减压是一种通过系统的正念训练减轻个体压力、加强情绪管理，进而提高个体身心调节能力，促进个体适应性的自我管理方法。最初参加正念减压实验的病人都患有不同的身体疾病，包括慢性疼痛、心脏病、皮肤病、癌症等。正念减压课程并不直接治疗病人

---

[1] Miller, J. J., Fletcher, K., & Kabat-Zinn, J. Three-year follow-up and clinical implications of a mindfulness meditation-based stress reduction intervention in the treatment of anxiety disorders[J]. General Hospital Psychiatry, 1995, 17(3): 192-200.

的疾病，而是通过练习，让病人去觉察并接受那些由身体疾病所带来的痛苦、紧张、压力和负性情绪。随着正念减压治疗的开展，乔·卡巴金也开展了正念对压力、焦虑、慢性疼痛等症状的影响的一系列科学研究。目前，正念减压疗法主要针对慢性疼痛和压力管理不适者，参与疗程的人通常患有不同的生理或心理疾病，比如一些长期性疼痛、睡眠失调、焦虑等。设置上，正念减压通常为持续8周的团体治疗，每周一次训练，时长2.5小时，一般在15~40人之间进行训练，日常练习每天30~45分钟，每周至少持续6天，平均每周2.5~3.5小时。

正念如何有效减压

（一）心理机制

根据监控和接纳理论（monitor-and-acceptance theory，简称MAT），正性再评价是正念带来积极成长的关键。[1]非评判态度、抽离当事人角色的觉知通常会产生中立的情绪和解释，从而促进对事件更准确的认知评价，在刺激和反应之间有一个选择应对策

---

[1] Lindsay, E. K., & Creswell, J. D. Mindfulness, acceptance, and emotion regulation: Perspectives from monitor and acceptance theory (MAT)[J]. Current Opinion in Psychology, 2019, 28: 120-125.

略的空间。

然而，正念减压不只是认知上的再评价，它还强调接纳当下的情境。监控和接纳理论认为，注意监控可以增强体验，但没有接纳的注意监控可能会放大体验中令人不快的部分。也就是说，如果人所处的当下不美好，人又不能接纳的话，活在当下可能会让人更痛苦。接纳是一种客观的、非反应性的指向，允许所有的体验进入和通过，包括不愉快的或有压力的。MAT认为，这种非评判的、开放的、平和的态度是正念减压练习产生效果的核心。正念减压并不一定要改变人们的情绪，而要提高人们对情绪的觉察和适应能力。比如人们感到压力很大，头一直很疼，但通过正念减压的练习，这些压力和感觉对人生活的影响不再那么大。当然，MAT也强调注意监控和接纳的协同作用。研究发现，只有在高度的接纳状态下，使用监控技巧才会减轻心理上的痛苦。

由此可见，接触压力源时，正念减压能帮助个体进行有效而准确的评估，更好地觉察压力源，显著减少负面情绪。同时，正念减压中接纳的态度能帮助个体获得更好的应对能力，这会令个体的积极情绪显著增多，从而起到调节情绪、减轻压力的作用。[1]

1　Finkelstein-Fox, L., Park, C. L., & Riley, K. E. Mindfulness' effects on stress, coping, and mood: A daily diary goodness-of-fit study[J]. Emotion, 2019, 19(6): 1002-1013.

（二）神经生理机制

正念减压带来的改变包括加强注意力控制、改善情绪调节和改变自我意识，这三个部分相互密切作用，构成一个增强自我调节的过程，从而增强个体对积极情感的体验，有利于身心健康。以往研究发现了一些来自神经生理方面的证据，发现正念减压涉及大规模的脑网络活动，影响着大脑多个脑区，包括大脑皮层、灰质、白质、脑干和小脑。其中，脑电图研究发现，正念减压疗法能够增强机体大脑额叶区域 θ 波的活动。[1] θ 波通常在个体注意、认知加工和感知任务下出现，表明正念减压可以提升个体的注意力分配和情绪调节能力。同时，杏仁核与正念减压练习后的减压相关，压力减少得越多，杏仁核中灰质减少得越多；而尾状核在注意力从无关信息中脱离出来的过程中发挥作用，使正念冥想状态得以实现和维持；海马旁回能控制意识流并防止走神；大脑额叶内侧的前扣带回皮层和纹状体与正念减压练习的注意力控制相关；前额脑区底部和纹状体与情绪调节有关；额极皮层与正念减压练习后自我意识增强有关；内侧前额叶皮层在正念冥想过程中对自我意识增强起支持作用（见图9-2）。[2]

---

[1] Fletcher, L. B., Schoendorff, B., & Hayes, S. C. Searching for mindfulness in the brain: A process-oriented approach to examining the neural correlates of mindfulness[J]. Mindfulness, 2010, 1(1): 41-63.

[2] Tang, Y. Y., Hölzel, B. K., Posner, M. I. The neuroscience of mindfulness meditation[J]. Nature reviews Neuroscience, 2015, 16(4): 213-225.

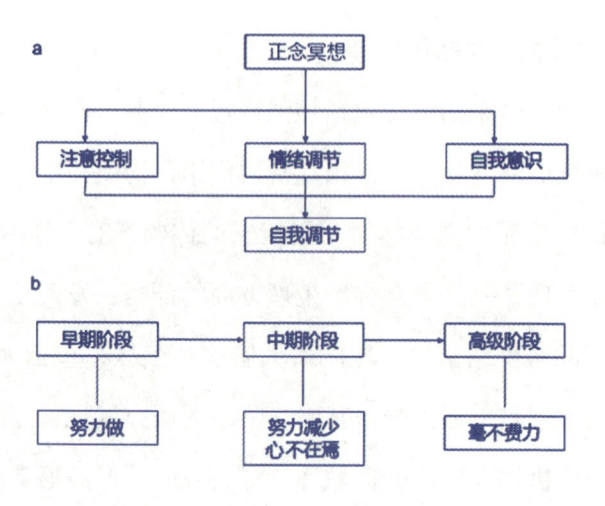

图 9-2　正念冥想

正念减压的实际应用

目前，围绕正念减压话题出现了一定的研究和应用，这些和我们的工作、生活密切相关，能帮助我们有效地减压。在繁重的学习和工作压力下，正念减压能够帮助练习者改善身体功能，提高认知灵活性，减少心智游移（分心、发呆等）；[1] 面对各种诱惑，还

1　Moore, A., & Malinowski, P. Meditation, mindfulness and cognitive flexibility[J]. Consciousness and Cognition，2009，18(1): 176-186.

能够帮助消费者减少冲动购买与强迫性消费行为；[1] 正念减压能帮助医务工作者减轻职业和生活压力，促进身心健康，预防职业疲惫，[2] 提高医务工作者的工作满意度和整体健康水平，[3] 提升幸福感，提升效果与训练时长呈正相关。[4,5] 随着越来越多的研究支持正念减压的效果，正念减压在一定程度上支持了身心医学干预的重要发展方向，并日渐融入人的当下生活，为当代人的压力管理服务。

此外，正念不仅仅在当下越来越成为人们解压的主要方法，也作为时尚元素渐渐地出现在各种艺术作品中。其中，许多与正念减压相关的影视作品被赋予了新的观感体验。例如在电影《星球大战》中，绝地武士通过正念减压的方式进行修炼。

1　Park，H. J.，& Dhandra，T. K. Relation between dispositional mindfulness and impulsive buying tendency: Role of trait emotional intelligence[J]. Personality and Individual Differences，2017，105: 208-212.

3　Van Gordon，W.，Shonin，E.，& Griffiths，M. D. Towards a second generation of mindfulness-based interventions[J]. Australian and New Zealand Journal of Psychiatry，2015，49(7): 591-592.

3　Asuero，A. M.，Queraltó，J. M.，Pujol‑Ribera，E.，et al. Effectiveness of a mindfulness education program in primary health care professionals: A pragmatic controlled trial[J]. The Journal of Continuing Education in the Health Professions，2014，34(1): 4-12.

4　Cusens，B.，Duggan，G. B.，Thorne，K.，et al. Evaluation of the breathworks mindfulness-based pain management programme: Effects on well-being and multiple measures of mindfulness[J]. Clinical Psychology and Psychotherapy，2010，17(1): 63-78.

5　Geschwind，N.，Peeters，F.，Drukker，M.，et al. Mindfulness training increases momentary positive emotions and reward experience in adults vulnerable to depression: A randomized controlled trial[J]. Journal of Consulting and Clinical Psychology，2011，79(5): 618-628.

电影《海蒂》中，小主人公海蒂在接连遭遇家庭变故之后，依然能勇敢地正视生活中的磨难，活在当下，用乐观开朗的心态帮助自己和爷爷共同走出困境。

《和平战士》是一部经典的以正念减压思维为主题的电影。影片改编自《深夜加油站遇见苏格拉底》一书。吊环运动员丹因严重车祸造成了粉碎性骨折，面对昔日的教练、队友，丹开始自暴自弃。在某一个深夜，他遇见了在加油站的"苏格拉底"，苏格拉底告诉他："清空脑中的一切杂念，专注于此时此刻的身体状态，做出漂亮的动作。""和金牌无关，和任何事情无关，投入到那一刻。"在苏格拉底的指引下，丹运用正念减压的方法，通过不断的刻苦训练，用异于常人的毅力和努力，慢慢让自己恢复了比赛的状态。当他出现在训练场，在教练和队友面前完成了一系列高难度的吊环动作后，所有人都惊呆了，他打破了当初那个认为他以后不能参加比赛的医生的论断。丹在遭遇了巨大生活压力的情况下，通过正念减压的帮助，获得了"当下的力量"，向所有人证明了自己。

正念减压练习

在日常生活中，我们可以进行一些正念减压的练习。首先推荐一项身体的练习。当我们的身体姿势发生改变的时候，大脑的多巴胺神经传递介质马上就会发生改变，这表明压力藏在我们的身体里。我们可以通过一项练习来体验正念减压，具体参考见附录9-1。同时，我们在正念减压练习时常会听见一句话，叫作"温柔而坚定的力量"，说的是我们会发现当自己把注意力放在某个部位时，不知不觉之间注意力总会离开，诸如想事、追逐现场的各种声音等。我们在这个过程中要允许自己的注意力离开，然后，通过正念练习意识到注意力离开之后，保持好奇，看看注意力去了哪里，然后再次回到对部位的觉察上。而注意力在离开和回来的过程中，不要责备自己，仅仅选择平静地接受即可。这个平静的、允许的包容，就是温柔的特质之一。在这个过程中，注意力成千上万次地离开、回来，锻炼着我们内心的力量，慢慢地我们就会有温柔而坚定的力量。而这种觉察和接纳的态度，也教会我们在遇到压力的时候平静地接受，不受其影响，从而达到正念减压的效果。

在日常生活中，我们还可以通过一些其他的方法来进行练习，如觉察呼吸、三步呼吸空间、身体扫描、卧式伸展等。在正念减压练习中，觉察是一个很重要的要点。通过练习，我们可以知道自己在"做什么"，从而将注意力集中，对观察到的事物进行描述，与之合而为一，具体的练习见附录9-2。不评判也是正念减压练习的要点之一，通过放下对此刻的评判，对当下保持开放，实现减压，具体练习见附录9-3。正念减压练习强调专注，在做事时，完全专注于此时此刻，一次只做一件事；当分心的时候，把自己拉回来，让自己活在当下，具体练习见附录9-4。在正念减压中，接纳是另一个重要的练习要点，让我们能够面对压力和困难，与痛苦相处，增强耐受性，而身体扫描练习可以让我们练习接纳的能力，具体练习见附录9-5。

此外，除了可以把正念减压练习看作一种具体的实践方法，也可以将其看作一种心理状态、心理过程或特质，目前常用的测量正念的量表有弗莱堡觉知量表（FMI）、正念注意觉知量表（MAAS）、多伦多正念觉知量表（TTMS）、修订版认知情感正念量表（CAMS-R）、肯塔基州觉知量表（KIMS）、五因素正念量表（FFMQ）等。

其中，FMI四维度量表用于评估个体对于此刻正念减压的保持程度以及不评判和接纳的态度，来应对消极情绪的程度；四个维度分别为觉知当下、不判断接纳、广泛觉知、洞察力。MAAS量表侧重测量正念减压中注意和觉知的维度，得分与焦虑等负性情绪负相关，与乐观、自尊、生活满意度呈正相关。TTMS量表主要测量个体在当下完成正念练习后的觉知度状态情况，不能用于日常生活中的评估。CAMS-R量表包括注意、活在当下、觉知和接纳部分。KIMS量表是以辩证行为疗法为基础发展的四维度评分量表，包括观察、描述、有觉知的行动和不判断的态度接纳。FFMQ 量表是对前五个量表进行探索性因素分析和验证性分析得到的量表，包括观察、描述、有觉知的行动、不判断、不反应五个维度，证明正念减压是一种多元化的方法。其中，MAAS 量表见附录 1-1。

小结

正念减压以一种特定的方式来觉察和接纳，通过有意识地觉察、活在当下及不评判，帮助我们运用自己内在的力量，为自己的身心健康积极地努力。通过练习正念减压，改变自己的生活，缓解各种压力，获得平静和自信以及对忙碌生活更强的掌控力。正念减压让人在繁忙的时空里，身心得以休息，变得从容，在困扰自己的现实压力中找到出路。

附录

附录 9-1　身体减压练习

做之前先闭上眼睛。准备好后，先放松身体。伸出自己的右手，用空心拳头或者手掌拍打左侧的肩颈部位。在拍打的过程中去注意自己的感觉和感受。当手和肩膀接触的时候，按照自己的节奏和韵律进行拍打、抚触或揉捏。之后，换成左手拍打、抚触或揉捏右侧的肩颈部位。随后拍打胸，感受自己的节奏和韵律。正念减压要求观察自己，把注意力、觉察力放在自己身上，之后换成另外一只手。接下来拍打腰部，然后由腰部往前拍打腹部，再用掌根拍打腹股沟，感受掌根落下去的一刹那自己的身体的感觉。用拳头沿着外侧的裤缝从上往下敲腿部，再从内侧从下往上敲腿部。然后做深呼吸，感受自己的整个身体——脚指头、手指头、脚底、小腿、膝盖、大腿、臀部、腰部、后背、腹部、胸部、手、胳膊、肩膀、脖子、颈椎、后脑勺、耳朵、下巴、脸颊、额头、眉毛、整个大脑、整个头皮、头发——从头到脚全然地放松下来。接下来做身体的引导和放松，把注意力转向鼻孔，缓缓地吸气，感受气流丝丝地进入鼻、口、胸、腹、后背、全身，然后自然地呼出、释放、放松，继续做深呼吸，缓缓地吸气，感受气流自由地进入身体每一个部位，然后呼出、释放，放下所有不需要的想法。之后将注意力转向头顶，头顶、头部放松，额头、眉毛舒展放松，整个脸部放松，牙齿、舌头、舌根、喉咙放松，整个后脑勺放松、放空，两侧肩膀放松，放下所有不需要的担忧、焦虑，肩膀放松，胸部放松，腹部放松，胸腹部放松，腹腔内的肝、胆、脾、胃、肾等所有的内脏放松下来，整个后背、腰部放松，臀部放松，大腿放松，膝盖放松，小腿、脚放松。在接下来的练习过程中，把注意力转向鼻孔，静静地感受气息从鼻孔的进出，然后搓一搓手及脸部。

附录9-2　　观察练习

你可以观察看到的事物、听到的声音、周围的气味，品尝食物的味道，观察身体部位的感受和触觉，观察呼吸，观察想法、冲动，等等。无论观察到了什么，都可以带着好奇心去体验，不用去调整自己，只需要如实地观察就好。练习时可以在表9-1里进行记录。

表9-1　日常观察记录表

时间	事件	感受、想法、情绪等	体验
举例：星期六上午11:30	在小区花园里散步，观察花朵。	我感到放松，心情比较愉悦。我看着花朵，产生了一个想法——这些花朵有很多颜色，各有各的样子。	比较平和，这样的风景就在我的身边，我可以常出来转转。

附录9-3　　练习不评判

（1）进行评判时，在心里说"我现在心里有一个评判的想法"。

（2）计算评判的次数，可以记录下来。

（3）用不评判的想法和陈述进行替换，描述事实或事件的后果和产生的感受,只描述观察到的,而非评判。

(4)观察评判时的表情、姿势和语音、语调,然后进行改变,采用不评判的方式。

(5)用不评判的方式记录一天中经历的事件,当时的想法、感受和行为,记住要专注于事实。

(6)用不评判的描述,记录一个促发情绪的事件。

当不评判的表达或想法出现时,觉察它们,用下列问题聚焦在觉察事情发生的细节上,并记录下来。可以在表9-2里进行记录。

表9-2　日常不评判记录表

时间	个数	可以取代的评判	新的想法或假设	取代后的表情、姿势或语音、语调等
星期一	8	我的男友太糟糕了,他没有在纪念日给我买花。	我没有跟他说自己希望能在纪念日收到花,或许他也没有意识到送花给我。	我做了一个微笑的表情。
星期二				
星期三				
星期四				
星期五				
星期六				
星期日				

附录9-4　专注练习

将注意力集中在当下,而当注意力离开时,将注意力拉回来,保证每次只做一件事情。具体练习可以在表9-3中进行记录。

表9-3 日常专注练习表

时间	事件	感受、想法、情绪等	体验
星期日晚上6点	洗餐具	我感受到手在碗上，抚摸整个碗有涩涩的感觉，意识到了碗的干净，我觉得很开心，我想我还是挺享受此刻的。	我觉得很有意义，碗筷整洁，厨房保持卫生和清新，在洗碗时只专注于洗碗这一件事情，做起来很投入。

附录9-5　身体扫描

可以坐在椅子上，或者躺在床上或地板上，让自己感到身体是放松的。

准备好后，轻轻地闭上眼睛，先做几次深呼吸，感受自己的一呼和一吸，以及呼吸之间的停顿。

将自己的注意力引至左脚掌，感受此时此刻脚掌的感觉，直接去感受而不是去想象，体会此刻脚掌与地面接触的感觉，可能会感觉到脚掌、脚趾的某些部位有麻麻的感觉或刺刺的感觉，无论有什么样的感觉都可以，没有感觉也可以，去接纳就好，不需要调整。

放下对左脚掌的感受，开始感受左脚踝的皮肤、关节。

再往上感受左小腿此刻的感觉、皮肤的感觉、肌肉的感觉、骨骼的感觉，可能会感受到热热的或凉凉的，可能有的地方什么感觉都没有。不管感受到什么，都让感觉存在，不去调整它或干预它。

然后再往上感受左膝关节，感受左膝关节的皮肤和膝关节。

接着，往上感受此刻左大腿的感觉。

按照相同的步骤，用注意力依次扫描右侧的脚掌、脚踝、小腿、膝关节和大腿。

然后将注意力转移到臀部，感受此时此刻臀部的感觉。

再向上感受此时此刻躯干的感觉。

再依次感受腹部的感觉、胸部的感觉、背部的感觉。

然后沿着左手，感受自己左手掌的感觉，再往上感受左手腕、左前臂肌肉和骨骼，再往上感受左手肘、左上臂、左肩膀，然后依次感受右手掌、右手腕、右前臂的感觉。

感受脖子的感觉，从脖子往上再依次感受头顶、眼睛、鼻子、嘴、舌头、下巴和两颊的感觉。

把整个身体作为一个整体来感受、感觉，感受完后，可以对我们的整个身体说一声谢谢，感谢它的贡献。

慢慢睁开眼睛，本次身体扫描的练习就做到这里。

10

正念训练与体育竞技

正念训练与体育竞技

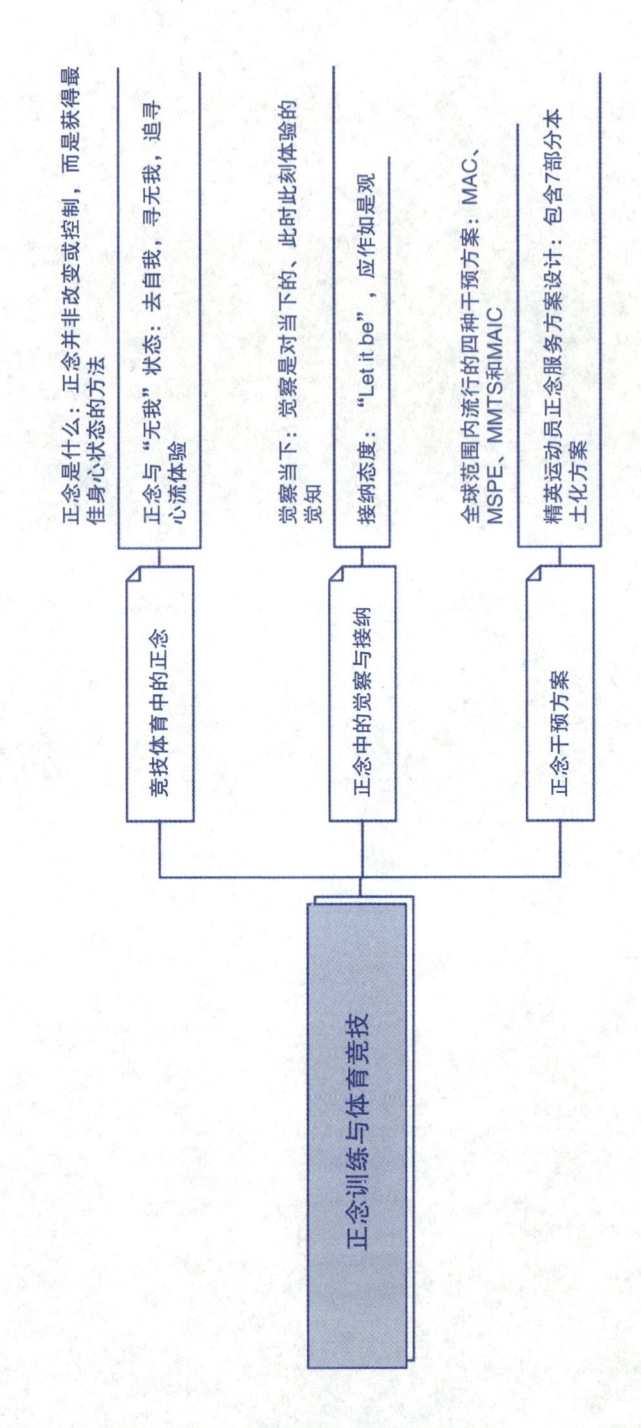

竞技体育中的正念
- 正念是什么：正念并非改变或控制，而是获得最佳身心状态的方法
- 正念与"无我"状态：去自我，寻无我，追寻心流体验

正念中的觉察与接纳
- 觉察当下：觉察是对当下的、此时此刻体验的觉知
- 接纳态度："Let it be"，应作如是观

正念干预方案
- 全球范围内流行的四种干预方案：MAC、MSPE、MMTS和MAIC
- 精英运动员正念服务方案设计：包含7部分本土化方案

引言

正念的方法在许多领域得到了广泛应用，在体育训练和比赛中也是如此。正念训练可以调动运动员的心理潜能，从而提升他们的竞技表现。本章结合先前介绍的正念理论研究，在我国国情的基础上提出了初步的精英运动员正念干预方案，文中穿插运动员表现的案例，既有扎实的理论又有丰富的实践。本章将正念及正念技术作为一种手段，结合与国家级精英运动员训练和相处中的实践经验，分享正念方法给运动员们的运动表现带来的提升。

案例

考察运动员的最佳表现，不妨从其在比赛中的失误或者发挥失常入手。塞尔维亚名将德约科维奇是现阶段世界排名第一的网球选手，曾获得20个大满贯男单冠军，也是第32届东京奥运会网球比赛1号种子，但他在东京奥运赛场上的表现和成绩却不尽如人意——在2021年7月30日进行的网球男单和混双比赛中，遭遇一日双败。在上午男单半决赛上，他在首盘6：1领先的情况下，在第二、第三盘分别以3：6和1：6的比分，被德国新秀兹维列夫逆转；而在同一日晚上进行的混双半决赛中，他和搭档以总比分0∶2不敌俄罗斯奥运队混双组合，同样败北，无缘决赛。

在男子单打半决赛中，一向沉稳自信、对比赛举重若轻的他，不断犯下低级错误，整个赛场上也不断回荡着他因为自己失分而发出的歇斯底里的怒吼。作为34岁的老将，即使大赛经验丰富且荣誉满身，他也需要综合考虑奥运会的密集赛程、教练团队的建议以及身体恢复等情况理性参赛。但是，正如德约科维奇自己所言，他"太想赢"，太想为自己的祖国塞尔维亚赢得一枚奥运金牌，因此同时报名了两个项目，导致自己没能专注比赛过程本身。在赛后接受采访时，他说这种特别想赢的心态，反而导致了他比赛失利。

而德约科维奇这种"太想赢"的心态，恰恰是一种非正念的表现，是一种没有处在此时此刻的体现。

竞技体育中的正念

（一）正念是什么

正念指的是专注于当下，察觉你正在做的事情和你身在何处，能为最佳竞技状态创造最佳身心准备状态。在正念普遍流行和广泛应用之前，我国的运动员曾进行了大量传统的心理技能训练。目标是通过积极心态与焦虑控制等训练来获得最佳心理状态，强调的是运动员的内部状态体验，比如对想法、情绪和感觉的控制或改变。这些传统的心理技能训练主要包括自我谈话、唤醒调节或者表象演练、注意力控制等心理机能方面的训练。

正念训练跟这些是不一样的，大家通过对比便能感受到区别。正念对于控制和尝试改变是比较排斥，甚至是不提倡的。人类本能里有一种改变或者控制的倾向，这让我们看到了传统心理技能训练潜在的局限。第一个局限就是"思维逆效应"，指对自我的过分控制会引发不良的心理状态，而对非理性想法的压制反而会增强自我矛盾感。

心理学上很经典的"白熊实验"讲的就是这个原理，即对非理性想法的压抑可能会导致消极情绪的增强。比如你越想忘掉某个人，越是拼命告诉自己要忘掉这个人，结果越忘不掉。有运动员经常说，我越是紧张，心跳越快，表现就越不好。其实这就是我们试图去控制或者调节情绪时容易出现的一个问题。有一个现象叫作"自我控制损耗"，比如说这堂课你觉得特别没意思，但是你还不得不坐在这里，其实这时候对你的意志力就是一种损耗；产生过度损耗之后，你再做下一个任务，你的意志力可能会变得更加薄弱，表现会更不好。如果你最近想要减肥，自我控制损耗之后，你希望减肥的意志力就会减弱，可能就会选择去喝可乐、吃零食。

（二）正念与"无我"状态

运动员在重大赛事中的失败，很多情况下是"想赢怕输"的心态在作祟。然而在关键时刻，运动员"想赢怕输"的心理机制是什么原因带来的呢？

第一个原因，人类进化造就了人本能的自我保护机制。在优胜劣汰的丛林竞争中，赢代表着获得赖以生存的资源，而输意味着失去存活的可能性。这种竞争意识留存在潜意识中，获胜欲望就与恐惧死亡的心理活动交织在一起，极大地破坏了人的竞技表现。

第二个原因，心理学家阿德勒提出个体的发展动力是"摆脱自卑、追求卓越"。这种动机取向是人类最基本、最普遍的需要。所谓"不想当将军的士兵不是好士兵"，就是说每个人都有想当将军的本能取向。

第三个原因，结合自身的备赛经验，对重要比赛的高关注度和不确定性会对人的"自我保护机制"和"动机取向"产生威胁，让人产生恐惧心理，从而容易导致人失误或犯错。重要比赛中，运动员会想到，我马上就要拿冠军了，拿冠军之后意味着什么呢？这就是比赛的意义。对运动员来讲，比赛的意义就是这种"有我"的状态都包括了什么——可能包括奖金，包括参加更大比赛的资格，包括进入国家队，包括未来的工作安排，也包括房子、车子和大学入学资格等。

很多精英运动员之所以能够在一个项目上"统治"很多年，能够成功，是因为他们达到了"去自我，寻无我"的状态。因为他们已经不去关注比赛本身的意义，而只关注自己的状态。对运动员来讲，关键时刻容易出现问题，是因为在极其复杂的环境里，人的本能会不自觉地产生一些控制，进而使人"走神"。怎样让这些运动员不受外界过多的影响，而是去产生自我关注呢？

其实就是"去自我中心"。把自我从强烈的内部意识释放出来，把自己从纠缠的思想中摆脱出来，让自己完全融入当下的活动或任务中，达到一种"无我"的状态。要达到这种状态，首先是关注自我，或者说关注结果，比如射击运动员想要打十环，应当把注意力放到动作上，增强自我关注。随后，可以用正念来训练"去自我"，这就慢慢地接近我们要讨论的最佳运动表现，也就是运动员们追求的"最佳功能区"了，该部分的核心是高度的专注和技能自动化执行。

此外，还应提一下心流，英文写作"flow"。运动员最佳运动表现其实就是"flow"的体现。它是一种将全身心投入到某项活动中时所表现出的心理状态。从活动过程本身体验乐趣和享受，体验对动作过程的控制感，就达到了专注于活动本身的目的。而上文所说，一个运动员如果想拿冠军，思考"拿冠军之后我能获得什么"，这是另外的目的，不是全身心的投入，所以是不会有心流体验的。其实在网络游戏技能操作里，包括在手游或者电竞里，都有这种情况。同样，许多外科医生、书法家、作曲家、画家也都体验过心流，它是一种难以言表的愉悦感觉。

那么正念为什么适合高水平运动员呢？除了技能水平必须很高，还得有挑战，这样才能形成心流。不知道大家玩不玩手机游戏，那些游戏都是有套路的，仔细体悟整个过程，就会发现游戏会运用心流的理论：给你挑战，你轻易过不去，某一天忽然你就过了最难的一关，那种愉悦感就来了。大家是否研究过这种成瘾现象，即一系列不规律的刺激，可以加深人成瘾的程度。为什么正念与运动的最佳表现存在着密切的关系呢？正念被看作一种不加控制的、无所作为的努力，它与心流的核心状态是一致的。这就是正念在运动领域如此受人欢迎，很多顶级体育明星都在学习它的原因。

其中最有名的就是"禅师"菲尔·杰克逊，他带领公牛队拿了六个NBA总冠军，带领湖人队拿了五个总冠军。他将冥想带入球队训练中。在公牛教练团队中引入乔治·芒福德的理念。芒福德向乔丹介绍了正念冥想这一基于觉察呼吸的练习方式。在那场战胜犹他爵士队的著名比赛后，乔丹说"你感到人群再无喧闹，那一刻成为我自己的时刻"。后来，芒福德跟随菲尔·杰克逊加入洛杉矶湖人队，并在此发掘了另一位冥想学生——科比·布莱恩特。科比最初很抗拒芒福德的正念观点,结果最后却成了狂热的正念练习者。芒福德说自己的工作是将他们带出舒适区,他常对乔丹说:"虽然你已经棒得不行了,但还有一个更高维的你在那里,等你去'成为'。"[1]最受青睐的足球运动员"C罗"(葡萄牙足球运动员克利斯提亚诺·罗纳尔多)和篮球明星勒布朗·詹姆斯,在大赛之前也会进行正念练习。这些运动员在紧张的临战状态中能保持平稳安宁的内心,是因为正念对于他们在比赛中能正常乃至超常发挥有着很大的帮助。

在世界范围内的运动领域,包括游泳、曲棍球、射箭、高尔夫球、长跑、足球、花样游泳等,有很多实证研究从不同角度验证了正念的效果。而正念也被认为诱发了运动员的诸多变化,比如提升了运动员的运动表现、专注度、觉察水平、运动自信水平、团队凝聚力、流畅状态和抗干扰能力,并且降低了运动员的焦虑水平。例如,卜丹冉等对散打运动员进行了正念训练的干预研究,结果表明:散打运动员的正念能力、接受能力、运动表现能力均得到了提高。[2]冯国艳等人的研究显示,正念训练可以提高

---

1 Cristian Ballesteros. Mindfulness: the secret weapon of Michael Jordan and Kobe Bryant[EB/OL].(2018-08-08)[2021-07-18]. https://www.marca.com/en/more-sports/2018/08/08/5b6b082f22601d291e8b45b9.html.
2 卜丹冉,妞刚彦.以正念接受为基础的心理干预对散打运动员表现提高的影响——一项单被试试验设计研究[J].天津体育学院学报,2014,29(6):534-538.

花样游泳运动员的注意力水平和运动表现。[1] 此外，斯科特·汉密尔顿（Scott-Hamilton）等人针对自行车运动员进行的正念训练表明：相对于对照组而言，正念训练可以有效地促进注意力集中、流畅体验，并减少悲观情绪。[2] 卜丹冉等针对我国射击运动员的研究也表明，通过正念训练可以提高运动员的接纳水平、注意力水平和放松能力。[3, 4]

正念中的觉察与接纳

（一）觉察当下

我认为正念冥想的两个核心，一个是觉察当下，另一个是接纳态度。首先是觉察，觉察是对当下的、此时此刻体验的觉知。大家是否接触过八周的正念培训，或者是否了解它的相关原

---

1 冯国艳，姒刚彦.花样游泳运动员正念训练干预效果[J].中国运动医学杂志，2015，34(12): 1159-1167.
2 Scott-Hamilton, J., Schutte, N.S., Brown, R.F. Effects of a mindfulness intervention on sports-anxiety, pessimism, and flow in competitive cyclists[J]. Appl Psychol Health Well Being, 2016, 8(1): 85-103.
3 Bu, D., Liu, J.D., Zhang, C.Q., et al. Mindfulness training improves relaxation and attention in elite shooting athletes: A single-case study[J]. Int J Sport Psychol, 2019, 50(1): 4-25.
4 卜丹冉，钟伯光，张春青，刘靖东.正念训练对中国精英羽毛球运动员心理健康的影响：一项随机对照实验研究[J].中国运动医学杂志，2020，39(12): 944-952.

理呢？正念其实跟我们大脑的自动导航有关系。现在做一个简单的假设，在我们静下来之后，你的脑子里可能会出现很多的想法，包括记忆和回忆。这些想法有些是没有发生过的，有些是发生过的，共同点是都不在当下。如果你过多地沉浸在过去，你就容易抑郁；如果你过多地活在未来，你就有可能会焦虑。所以有的运动员会想结果，想未来的结果；而有的运动员会想过去发生的事，比如"我之前拿过冠军"。这种或对过去或对未来的想法，导致他们始终处在不良情绪状态里，进而导致他们无法专注于此时此刻的、当下的比赛。

我们的传统文化会要求我们思考过去，从过去汲取经验，比如我们经常听到的"前事不忘，后事之师"或者"吃一堑，长一智"等话，似乎只有心里想着总结过去的失败才能让我们不断进步——当然，我们的文化环境和我们的实践也证明了，吸取过去的成败经验是有一定合理性的。另外，现在我们面临的诱惑太多。《道德经》里说："五色令人目盲，五音令人耳聋，五味令人口爽。驰骋田猎，令人心发狂；难得之货，令人行妨。是以圣人为腹不为目，故去彼取此。"现代人所面临的物质诱惑太多了，很多时候，我们对于很多事都是"心不在腔子里"。所以，以上两个方面提示我们，正念应该是对当下的觉察，是对此时此刻的觉察。这是正念的核心之一。

（二）接纳态度

正念的另外一个核心是接纳态度。接纳态度是对体验采取一种好奇的、开放的、不逃避的心态。大家是否见过这样一个公式：苦＝痛×抗拒。苦和痛不是一个概念，痛是肉体上的，苦是心理上的。对运动员来说，比如今天训练很苦，但是得到了教练员的鼓励，教练员拍了一下运动员的肩膀，那么拍的力度虽然构成了"痛"，却不是"苦"；再如，还是运动员的肩膀这个部位，有一天一个他特别讨厌的人给了他一巴掌，其实角度、力度和位置都是一样的，他却有着截然不同的情绪体验或情感。其实这两种体验的根源来自人对这件事的态度。我曾去参加美国麻省理工学院的一场报告会，一位老师就谈道：放下是"let it go"。从正念的角度看，放下这个境界不是最高的，因为放也是一个向外推的动作，那么更高的境界应该是什么呢？是"let it be"，应作如是观。

针对态度这一点，我还想谈一下负面情绪的产生。关于赛前紧张情绪，研究者在两千多名运动员中做了赛前主观感受评价，大概有25%的运动员直接提到了紧张的情绪，还有25%的运动员间接地谈到了跟紧张有关的其他情绪，比如害怕、恐惧等。在访谈研究中，许多教练员和运动员反映，在比赛之前大家常遇到的负性情绪：一是赛前紧张，二是想赢怕输。而能够极大地转变运动员赛前紧张状态的关键，则是抱持接纳的态度。所以，改变态度围绕着一个核心，那就是让人们去接纳，去面对。

正念干预方案

围绕着正念的两个核心——觉察当下和接纳态度。我们尝试着去做一些方案的设计。首先是调研正念在运动领域的应用现状。在世界范围内，大概有四种比较流行的正念干预方案。

表 10-1 四种正念干预方案

方案	MAC	MSPE	MMTS	MAIC
干预目标	①运动表现 ②心理健康	①运动表现 ②影响表现的心理因素 ③心理流畅	①正念水平 ②接受水平	①运动表现 ②觉悟水平
时间跨度	7~12 周	4 周	6 周	7~8 周
课时数	7~12 次课	4 次课	12 次课	7~8 次课
每课时间	1 小时	2.5 小时	0.5 小时	1 小时
核心技术	教授、培养正念	正念冥想	正念冥想	教授、培养正念
练习技术	简要定心 正念倾听 正念呼吸 投入表现价值	静坐冥想 行走冥想 身体扫描 正念瑜伽	观察呼吸 呼吸计数 感知体验 同情练习	定心训练 正念身体活动 正念运动行走 定力练习

但是在真正的实践中，我们发现这四种方案都不太适用于运动员的训练和备赛。因为对运动员来说，这些方案实施起来有些乏味，而且运动员对于某个事物的接纳和接受其实是非常敏感

的，或者说他们知道什么才真正适合自己，什么不适合自己。而且这些课程都需要持续几周或几个月，而运动员需要的是最直接、最简单、最好操作，并且最有效的干预方法。

所以，结合我国国情和我们的经验，我们认为目前需要尝试建立适合我国国情的精英运动员正念干预体系，兼顾科学性和实用性，因此，我们设计了如下课程体系。

表 10-2　精英运动员正念服务方案设计

构成	讲授主题	训练内容	时间安排
部分 1	正念与最佳表现	正念讲授，10 分钟正念静坐练习。	第一周 1 次课，课时 90 分钟，课后每日自行练习 10~20 分钟。
部分 2	觉察的培养	正念讲授，20 分钟正念静坐练习。	第二周 1 次课，课时 90 分钟，课后每日自行练习 10~20 分钟。
部分 3	接纳的态度	正念讲授，正念静坐练习、身体扫描。	第三周 1 次课，课时 90 分钟，课后每日自行练习约 10~20 分钟。
部分 4	训练中的正念	正念讲授，正念行走、瑜伽、拉伸练习，训练中的正念。	第四周 1 次课，课时 90 分钟，课后每日自行练习 10~20 分钟。
部分 5	竞赛中的正念	正念讲授，正念静坐结合冥想练习，参赛中的正念。	第五周 1 次课，课时 90 分钟，课后每日自行练习 10~20 分钟。
部分 6	生活中的正念	利用更广泛的资源训练正念，生活中的正念，复习已有正念练习方法。	第六周 1 次课，课时 90 分钟，课后每日自行练习 10~20 分钟。
部分 7	正念止语修习日	10 分钟、20 分钟、30 分钟静坐练习，身体扫描练习，正念瑜伽、拉伸练习。	第七周 1 次课，课时 120 分钟左右。

最后，我想谈谈在精英运动员正念干预中的一些思考与展望。首先要了解运动员们的需求，他们需要的是一种直接有效的、收获明显的干预方案；其次是把握正念核心——觉察和接纳；再次是要有针对性，要以解决问题为导向；最后是要设计出灵活的方案。因为我们面对的是从事不同运动项目的运动员，他们的需要具有独特性，所以方案要灵活，要善于变通，才能更好地服务于他们。

小结

本章结合运动员表现的例子，介绍了"何为竞技体育中的正念"；随后我们阐明了正念的两个核心——觉察当下和接纳态度；最后将文章重点落在如何在实践中将正念发挥出最大功效，即精英运动员正念干预方案的设计上。

本章作者从与国家队队员相处和训练的实际经验出发，将正念的理念与体育竞技中的运动表现相结合，更好地让人们理解正念的意义与价值，为人们学习正念提供了一个独特的视角。

11

绘画疗法与减压

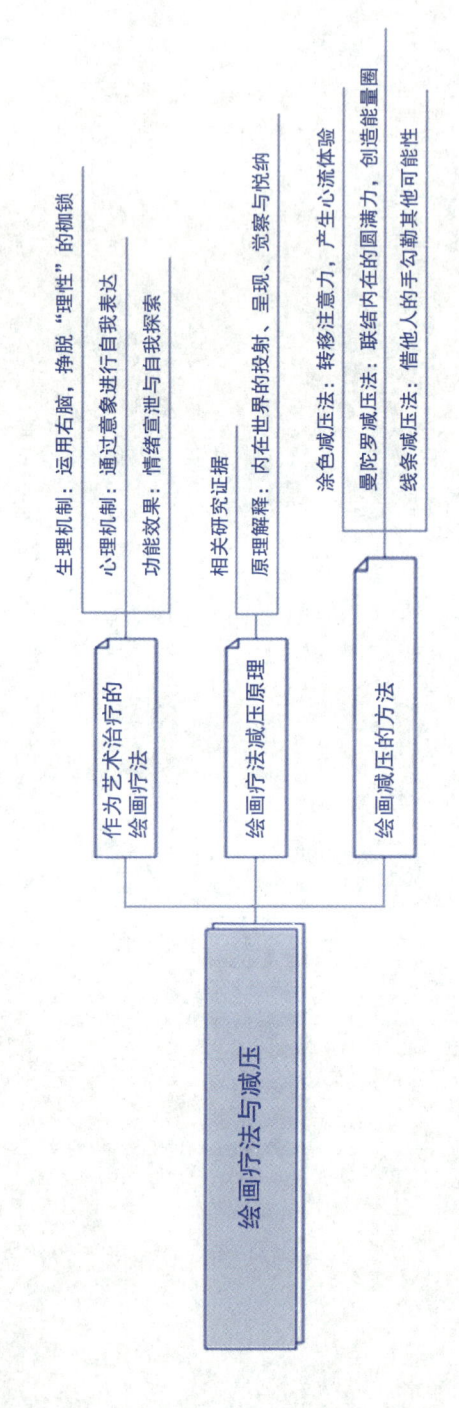

```
绘画疗法与减压
├── 作为艺术治疗的绘画疗法
│   ├── 生理机制：运用右脑，挣脱"理性"的枷锁
│   ├── 心理机制：通过意象进行自我表达
│   └── 功能效果：情绪宣泄与自我探索
├── 绘画疗法减压原理
│   ├── 相关研究证据
│   └── 原理解释：内在世界的投射、呈现、觉察与悦纳
└── 绘画减压的方法
    ├── 涂色减压法：转移注意力，产生心流体验
    ├── 曼陀罗减压法：联结内在的圆满力，创造能量圈
    └── 线条减压法：借他人的手勾勒其他可能性
```

引言

将各种具有开发创造性的艺术活动，诸如音乐、舞蹈、戏剧、绘画、雕塑、制陶、诗歌等，用于心理建设和心理潜能开发领域时，可以帮助参与者探索并建构自己的内在精神世界。根据美国艺术治疗协会的定义：艺术治疗是运用艺术创作过程提供非语言的表达和交流机会，以此调和及培养自我意识，实现个人成长的过程。绘画治疗是艺术治疗的方式之一，整合了美术学、教育学和心理学等学科，通过绘画这一主要媒介，突破语言表达的固有局限（有限的词语与复杂的现象不匹配），在非语言或前语言的界限内产生独特的疗愈效果。

案例

Y先生原是某重点高校的理工科硕士，为人严谨踏实，做事追求完美，喜欢自我反思、不断精进，现就职于某事业单位，任中层管理者。他近期被领导指派为一个重要项目的负责人。但由于事务繁杂，Y先生之前就频繁出现的失眠情况更为严重，他总是无法控制地陷入各种纷乱的思绪中，非常焦虑时甚至出现了惊恐发作的症状。由于担心自己的身体状态和工作状态，Y先生前来求助。

其实Y先生之前已有过心理咨询经历，但感觉传统的谈话治疗对于自己这种过度理性以及思虑过重的性格帮助有限，因此Y先生在朋友的推荐下，决定尝试绘画减压治疗。

咨询师引导Y先生通过绘画的方式将自己的情绪感受具象化。慢慢地，Y先生对这些之前自己感觉很陌生的内心柔软而细腻的部分更加理解了。在坚持了几个月绘画减压治疗后，Y先生明确了自己真正的愿望需求与焦虑恐惧，渐渐地能够与它们和平相处了，而失眠与冗思的症状也得到了自然缓解。现在Y先生每天都会坚持通过绘画的方式去碰触自己的内心世界，舒缓压力。

我们可能会好奇为什么绘画减压可以神奇地缓解Y先生的压力，它又是如何起效的呢？接下来我们将对绘画减压的机制原理进行概述阐释，并通过绘画减压的具体介绍与示例呈现其实操过程，来解答大家的这些疑惑。

作为艺术治疗的绘画疗法

(一) 生理机制——运用右脑，挣脱"理性"的枷锁

人的大脑分为左右半球。左脑是理性脑，主要涉及逻辑推理与语言表达，人的学习以及解决问题多是在左脑的帮助下完成的。右脑是艺术脑，主要涉及想象力、创造力以及情绪感受。语言的表达大多数时候是有选择性的，而右脑主要帮助人们更真实地呈现那些说不出口或有时甚至连自己都不知道的潜意识里的东西。右脑允许所有非理性的情绪、感受以及状态的存在，包括那些让人们恐惧或羞耻的混乱冲突与痛苦不安。因此艺术创作主要涉及人们的右脑，它绕过了对语言表达的筛选与审查，解除了对情绪感受的抑制，为头脑与心灵打开了广阔空间。Y先生能通过绘画治疗的方式达到减压的效果，也正是由于挣脱了理性或语言对自己真实内心世界的束缚。

(二) 心理机制——通过意象进行自我表达

绘画治疗的基本假设是，许多想法和感受是无法用语言表达的，语言只是表达了真实自我的一小部分，而符号、图像和意象在沟通和表达过程中具有独特功效。绘画治疗旨在探索个体的内心世界，也可以描述为自我发现之旅。在这个过程中，以视觉绘画为媒介的自我表达，让过分依赖语言表达的人们，能够获得一种平

衡，并可以借此实现个体间潜意识层面的深入交流与亲密联结。

（三）功能效果——情绪宣泄与自我探索

人们认为绘画治疗在多个领域具有治疗效果，在人的心理、生理、精神等方面，特别是在情绪健康方面，也有着奇效。具体包括以下几点。

（1）提供增强自我的方法：通过发掘个人兴趣和成长主题，使个体获得更好的同一性。

（2）提供宣泄体验：通过艺术地表达身体行为，使内在丰沛的情绪感受得以释放。例如当代画家亨利·阿森西奥（Henry Asencio）的作品表现手法前卫，融合了具象绘画的古典思想和他所崇尚的独特的当代风格。他表示，对他来说绘画是一种宣泄，是他表达激情以及和内心对话的最清晰的方式。

（3）提供发现愤怒的方法：运用色彩和图形探查来表达攻击性情绪。

（4）促进冲动控制：允许自由的表达而非压抑内心的想法，以此获得积极的行为。

（5）帮助"绝症者"利用艺术促进治疗：将艺术作为增强身心联系的方法，用各种艺术形式强化自我疗愈的意象。

注意：我们每个人都可以运用绘画方式进行自我疗愈，绘画治疗效果与绘画水平高低无关，亦没有对错之分。

绘画疗法减压原理

（一）相关研究证据

相关研究表明，绘画治疗对减压有较好效果。2010年的一项研究表明，接受绘画治疗（每周7次）的哮喘儿童在焦虑水平和生活质量水平测试中表现出较大的改善，并且在6个月后的随访中效果依然显著。[1]生理学研究证据显示，绘画可以调节皮质醇分泌水平（唾液样本分析），从而降低压力水平，被试者也报告了在艺术创作过程中感到放松、愉悦，有助于重新了解自我。[2]神经影像学研究利用功能性近红外光谱（fNIRS）研究着色、绘画、素描是如何影响大脑活动的，结果表明这三种创造性行为都能增加前额叶皮质内侧的血流量。[3]

---

1 National Jewish Health. National Jewish，Mothers of Asthmatics Team[EB/OL].（2009-06-09）[2020-11-15].https://www.nationaljewish.org/about/news/press-releases/2009/njh-aanma-aircare.
2 Kaimal，G.，Ray，K.，& Muniz，J. Reduction of cortisol levels and participants' responses following art making[J]. Art Therapy，2016，33(2)：74-80.
3 Kaimal，G.，Ayaz，H.，Herres，J.，et al. Functional near-infrared spectroscopy assessment of reward perception based on visual self-expression：coloring，doodling，and free drawing[J]. Arts in Psychotherapy，2017，55：85-92.

（二）原理解释——内在世界的投射、呈现、觉察与悦纳

表达性艺术治疗（各种艺术形式——沙游、绘画、音乐、舞动、身体雕塑、角色扮演以及即兴创作）是一种通过源于情绪深处的艺术形式来发现内在自我的过程。具体而言，绘画治疗减压的原理如图11-1所示。如Y先生一样，首先我们可以通过绘画，将压抑的内在情绪感受和潜意识中的冲突投射、呈现出来；之后大脑通过认知解离，将这些感受与想法转换成独立客观的对象（现象）来观察；当能真正悦纳自己的内心世界后，压力便得到疏解，可以更好地投入到当下的生活中，实现自己的价值目标。

图11-1 表达性艺术治疗——绘画减压

美国画家约翰·斯皮克曾患有严重焦虑和抑郁症，后来的一次随意涂鸦开启了他的艺术生涯。自从那一次偶然的涂鸦，他的生活便在艺术的滋养与指引下变得温暖与明亮起来。"坚持创作的日子，总是充满了兴奋、神秘、奇迹，当然，还有痛苦。我经常想知道我是否可以用我的艺术为自己、为他人、为社会做的更多一些，怀疑和担忧几乎充斥了我每天的生活。但是，艺术本

身给我灌输了一种深深的使命感，挫折与不幸本来就是生活中的一部分，它们势必不断地出现，而我将尽我所能更加真诚地去创作。"

以上部分的行文重点是对绘画减压的基础知识进行论述，下面我们一起看看绘画减压的相关示例，我们也可以选择其中一种或几种作为自己减压的工具。

绘画减压的方法

（一）涂色减压法

涂色疗法是通过涂色来缓解焦虑、减轻压力，是一种常用的心理治疗方法。当遭遇压力或焦虑时，人们容易陷入负性思维或消极情感的旋涡之中，心中回荡着催促、埋怨、责备，甚至厌弃的声音。例如Y先生在面对压力时就常常自我苛责。

而涂色疗法可以把人们从泥潭中拉出来，其作用主要体现在以下三个方面。一是涂色可以转移注意力。当人们思考如何给复杂图形上色的时候，注意力会专注于此，由于注意力有限，那些负性频道就被自然关闭了。二是涂色可以帮助梳理整合。人在焦虑的时候，脑子里很多想法会交织在一起，剪不断，理还乱。而待上色的图形具有一定的结构与秩序，可以引导人们去梳理思维，厘清混乱感。三是涂色可以创造心流体验。涂色是一个创作性过程，这个过程中会出现心流体验，给人们带来愉悦与充实感。

目前，涂色减压的有效性已得到了多方面的验证。多项研究表明，涂色减压对降低焦虑水平有显著效果，[1,2,3]甚至连精神分析大师荣格也曾使用类似的方式（曼陀罗）进行减压。

（二）曼陀罗减压法

38岁时，荣格遭遇了生命的瓶颈期，于是他辞去教职，全心专注于内在的修持。每天他都将自己的思绪、感受以及梦境加以记录，并顺着内心情感的流动，在日记中绘成圆形图。之后荣格发现，他所绘的圆形图原来就叫"Mandala"（梵语，曼陀罗，亦称轮圆）。

曼陀罗原本是佛教修行密法，被视为佛陀觉悟境地、宇宙万物的浓缩图。后来荣格发现曼陀罗绘画具有暗示其心理潜能和独特性的力量，于是把它联想为自我及整体个性的核心，最后将其发展成一种艺术治疗的理论与方法。

1　Curry, N. A., & Kasser, T. Can coloring mandalas reduce anxiety?[J] Art Therapy, 2005, 22(2): 81-85.
2　Thukral S. K., Nordone. P. J., & Afshari C. A. Prediction of nephrotoxicant action and identification of candidate toxicity-related biomarkers[J]. Toxicologic Pathology, 2005, 33(3): 343-355.
3　van der Vennet R., & Serice S. Can coloring mandalas reduce anxiety? A replication Study[J]. Art Therapy, 2012, 29(2): 87-92.

荣格发现，每个人的原型都是分裂的，以致需要曼陀罗将它整合起来。曼陀罗通过精密的图腾、坛场能量、几何中的结构奥秘以及色彩的力量，可以联结人内在的圆满力，创造强有力的能量圈。

一般来讲，曼陀罗绘画会分为以下三个步骤来进行。

第一步，放松和冥想。通过调整坐或躺的姿势以及呼吸的频率，引导自己的身体放松，然后抓住当下的内心感受、情绪以及想法。

第二步，绘画。不要过多地、额外地进行思考和想象，仅仅在体验的基础上行动，手拿着画笔在纸上自由随心地去描绘自己的内心世界。

第三步，觉察与接纳。观想自己的曼陀罗，试着走进自己的内心深处，对它采取真诚、好奇的态度，与它对话。

曼陀罗绘画减压的原理是自性理论，即具有保护性、凝聚性、整合性、咨询性和超越性的特性。通过曼陀罗绘画能够激发出绘画者的自性原型，从而获得治疗的作用。曼陀罗绘画以心理投射为基础，具有反思性功能和创造性功能，可以表达和转化情绪，提高个体的积极性。个体可以通过象征的方式展现绘画时的无意识冲突，并借助曼陀罗特有的整合功能，整合内心的矛盾，获得内在的和谐与稳定。

下面我们从色彩（明度和彩度；混浊）、形态（对称与不对称；回转型与尖锐型；集中和扩散趋势与歪曲）等方面解析曼陀罗绘画作品。

表 11-1 曼陀罗评估调查工具

阶段	形状	颜色	自我与自性关系	心理	任务
空无期		全黑	自我在自性中	困惑、痛苦	等待、保持信心
喜悦期	零散、零星、无中心	蓝色、黄色	未分化	梦想、天真、缺乏自我认识	有所取舍
迷宫期	螺旋形、无中心	淡色	准备分化	活力	获取信息并整理
开端期	圆及三角形的中心	淡红、淡紫、淡蓝	开始独立	自恋、执着	接纳新的发展
目标期	同心圆、标靶	鲜明不协调	二者分离	脆弱、气愤、愤怒	独立
矛盾期	一分为二	鲜明补色	二者对立	孤独、兴奋、恐惧、得意	承担责任
方圆期	十字架、四方形		整合和谐	自律、自治、得意、自负	尽力实现理想
自我期	五角星		紧密结合	现实、自负、意志力	平衡个体与集体之间的关系
结晶期	中心向外扩散、对称和谐	丰富、和谐	完美结合	感性与理性平衡	豁达接纳却不留恋
死亡期	圆轮、倒三角形	暗蓝、红色	开始疏远	中年危机、失落、抑郁	重新评估目标及其价值
分裂期	无中心、分散	混浊、阴暗	进一步分享	恐惧、困惑、迷惑	舍弃、正视阴影
狂喜期	有核心、第二焦点	暗淡混合色	相互包容、水火交融	和谐、透彻觉悟、感恩	接纳

除了上面所说，我们还需注意以下事项：（1）针对意识部分的自由绘画，其特点是开放、探索，非目的性的；（2）针对潜意识的曼陀罗绘画，若没有专业心理咨询师的帮助，很可能造成误导，切勿自由发挥，随意解读。

（三）线条减压法

有画家与研究者认为线条可以表现人的情绪与个性，[1]那如何从绘画的线条中看出创作者的人格及情绪状态呢？

情绪线条绘画减压具体操作步骤如下：

选出表达高兴情绪的颜色的蜡笔或油画棒，在白纸上画出一条表达高兴情绪的线；选出表达悲伤情绪的颜色的蜡笔或油画棒，在白纸上画出一条表达悲伤情绪的线；选出表达愤怒情绪的颜色的蜡笔或油画棒，在白纸上画出一条表达愤怒情绪的线；选出表达平静情绪的颜色的蜡笔或油画棒，在白纸上画出一条表达平静情绪的线。

与同伴分享自己的情绪画，分别叙说所画四条情绪线表达了怎样的情绪以及与之相关的故事。

与同伴交换画纸，在同伴的画纸上创作一幅画作，为它命名并编写一个故事（不少于150字），与同伴分享画作的内容与编

---

1 童玉娟. 如何从绘画线条看出创作者的人格及情绪状态？[EB/OL].（2018-02-26）[2020-11-15]. https://m.sohu.com/a/224170552_823296.

写的故事。

【示例】

如图 11-2 所示，这幅画画出了高兴、平静、愤怒、悲伤四条情绪线，之后又将这四条情绪线绘制成了一个大头娃娃。我们可以这样理解该图：额头和双眼以高兴和平静的线勾勒而成，预示着人们可以尝试把眼光放长远一些，怀抱着对未来的期待和憧憬；而愤怒的牙齿和悲伤的下唇既可能伤人也可能伤己，提示人们需要更包容、悦纳一些冲突或矛盾。从这个图中我们可以看到，通过情绪线条可以映射出自己的内心世界，然后在心与心的交流中实现互相疗愈。正是因为在绘画互动过程中有很多的不确定性，这种非目的性的任意涂鸦、自由联想与相互探索，才能让人们有机会看到真实的自我，同时也收获更多的可能性。

图 11-2　情绪线条绘画

小结

在我们感到压力非常大时，通常很可能是因为一直在用头脑去思考去评判，最终让自己感到精疲力竭。因此我们不妨试一试通过绘画治疗等方式，打破语言的限制，来探索与表达内在自我，获得自我疗愈的可能。绘画治疗作为一种减压方式，其原理是通过绘画这一表达形式，将人们被压抑的情绪感受与想法投射、呈现出来，之后通过认知解离将这些部分作为现象来觉察，而在能真正面对与接纳自己的内心世界后，人们的压力就可以自然疏解。具体而言，绘画减压主要有三大类型，涂色减压法、曼陀罗减压法与线条减压法。

附录

本部分附录主要提供几项绘画减压课堂实践，包含引子和三项具体操作。

附录 11-1　　引子

现在请不假思索地说出自己的五个优点，你能说出来吗？如果听到这个问题时感到"卡"了一下，就说明自我意识并没有自己所设想的那样清晰——你还不知道自己的优势是什么,对自己还不够了解。而绘画治疗可以让我们越来越了解自己是谁、想要什么、不想要什么,它是一个自我探索的过程。

附录11-2　　自我介绍

材料:颜料、纸。

过程:

(1)绘画:画一幅图画(形状)代表自己,然后直接拿这幅图画向他人介绍"我是谁",让别人一看到这幅图画就能知道"这就是你"。

(2)分享:首先向他人描述自己的图画内容(用了什么颜色,画了什么形状),解释为什么这样构图,表述绘画过程中的自我感受体验。

(3)解析:看看"自己"在整幅图画中的位置(大多数人把自己画在画面的左上角,有一些人把自己画在画面的上边,少数人把自己画在画面的中间)。观察"自己"在整幅图画中的比例(大部分人在这张纸上的面积只占纸的1/3或者更少)。觉察后,我们可以问问自己:"我在怕什么呢?这张纸都是我呀。"然后也可以看一下线条,有的地方涂得很细,有的地方涂得很潦草,我们可以问问自己:"为什么这个地方涂得这么细,那个地方涂得那么潦草?"这些可能都与我们的性格、需求和自我认同有关系。

附录 11-3　　"走后门"

材料：颜料、六张纸、六个音乐片段、音频播放设备、胶棒。

过程：

（1）绘画：随机播放六段音乐，然后在听每段音乐的过程中，将头脑中浮现的任何图像、意象或者线条画出来，唯一的要求是一定要画出东西来，不能让纸完全空白。音乐结束时停止绘画。每段音乐用一张纸作画。

第一段音乐时长两分钟。第二段音乐时长一分钟。第三段音乐时长半分钟。第四段音乐时长 15 秒。第五段音乐时长一分钟。第六段音乐时长两分钟。

（2）撕纸：从这六张纸里凭感觉选出第一喜欢和第二喜欢的。把自己选的第二喜欢的那张纸拿出来，用手将这张纸撕出一个小人，没有任何标准答案，想怎么撕就怎么撕，不用跟别人交流。之后用胶棒把小人贴在第一喜欢的那张纸上。贴好之后，看着自己的作品问自己："它想告诉我什么呢？"跟自己的画作进行对话。

（3）分享：和伙伴互相交流，告诉他们，从自己的画里看到了什么，感受到了什么。

（4）反馈：用绘画的方式进行反馈，画一幅画回应伙伴。

【部分示例】

当我听到这段音乐时，一下子就想起了战争场面，远处有山峦、长城，还有骑兵，大概是当时抵抗敌人入侵的一个场面，然后我从中撕出来一个小人。我第一喜欢的画是一片宁静深邃的海洋，有两只海豚在水中嬉戏。这两幅画，一个是大自然，是一个非常宁静深邃的世界；而另一个是人类世界，充满了战争。实际上我感觉这两种都不是我最理想的生存状态，我应该在其中找到一种平衡，假如有一片沙滩就更好了。

我印象最深刻的就是在听整个音乐的过程中心境的变化。最开始是从一个没有什么希望的场景切换到一个比较有希望的画面，所以颜色是从黄色到绿色，场景是从悬崖到沙漠再到绿洲。其实整个画面给我的感觉是自己的心情是可以随着音乐的节奏改变的，是从压抑到有希望，最后到愉悦的状态。我想这可能也是看待世界的视角的变化所带来的更多的可能性。

我画了一个仗剑行走天涯的侠客，一直在不断向前行走。看到这幅画的时候，我第一感觉就是孤单，因为这个人独自在茂密的丛林当中，没有白天，没有黑夜，不断前行，就像我们每个人独自踏上人生征途一样。但后来我逐渐感觉到，其实这个人并不是一个人，周围的一草一木、星星月亮都和他相伴，所以其实这个人没那么孤独。

这幅画的下半部分是深海，因为我刚开始听到音乐时觉得非常绝望，是那种深海伴随着惊涛骇浪的感觉，但音乐的后半部分又让我逐渐觉得比较放松，所以我又画了一座岛和一艘小船，这样看起来没有那么荒凉。然后这个小人，我把它贴到了这艘船上，船是对着这座岛的方向，这可能投射了我的一种心理状态，就是在还有一堆早先压力的情况下，感到很绝望，但还是想要比较积极地去努力，所以坐小船到达小岛上。

附录 11-4　　安全岛（安全基地）

材料：颜料、纸。

过程：假设我们都有超能力，可以进入任何空间，想象一个能让自己觉得最安全、最舒适、最放松的空间，把它画下来，完成之后在图画上配一首自己创作的诗。

【部分示例】

我画了学校与城市的高楼大厦，然后我就躺在天上的云朵上面睡觉。因为感到特别困、特别累的时候，我经常会看天空，有时会想云上的世界是什么样的呢？会想我要是能到上面睡觉就好了。我的诗是："梦里与自己和解，只是幻想太空里的事，未来的事，过去的事，醒来又进入另一场梦，故事就由天上的人决定。"

我的画的左边部分是一张床，因为床是最让我感到幸福和快乐的东西，然后右边画了四个人，我、父母，以及爱人。然后我配的诗是："有家有爱，就是我的幸福。"

我画的是我正在山里玩，这其实是很日常的场景，我特别喜欢爬山，然后路的尽头是我和朋友们一起吃火锅。我写的诗是："山林丛丛，路遥远；东张西望，不嫌远；一草一木，多舒畅；路的尽头，吃火锅。"

我画的不是一个真实的世界，是在九天之上，我是一个小神仙，这就是那里的夜空。我配了几个字："星河踏梦来，在夜晚，在梦里。"

这幅图是我想退休之后去海边开一个民宿的大概样子。我配的诗是："任世事万千，我自岿然，阅尽百态，笑看江山。"

12

音乐疗法与减压

音乐疗法与减压

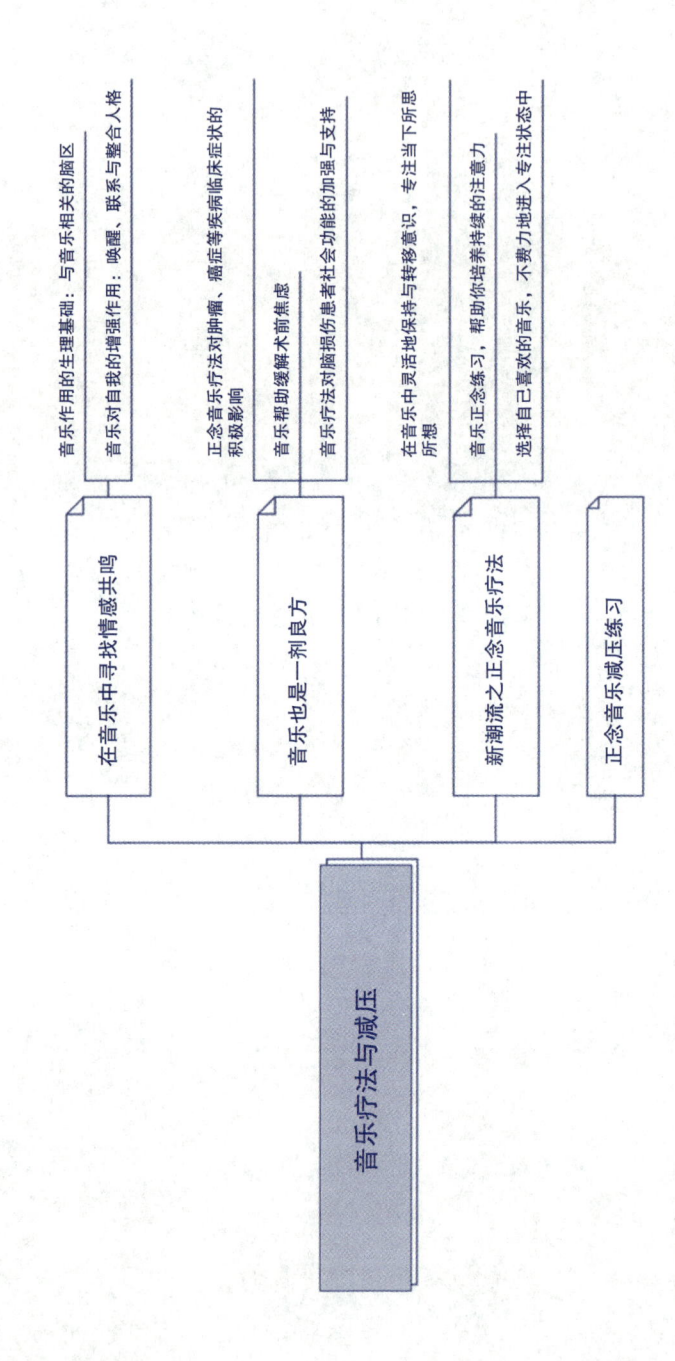

在音乐中寻找情感共鸣
- 音乐作用的生理基础：与音乐相关的脑区
- 音乐对自我的增强作用：唤醒、联系与整合人格

音乐也是一剂良方
- 正念音乐疗法对肿瘤、癌症等疾病临床症状的积极影响
- 音乐帮助缓解术前焦虑
- 音乐疗法对脑损伤患者社会功能的加强与支持

新潮流之正念音乐疗法
- 在音乐中灵活地保持与转移意识，专注当下所思所想
- 音乐正念练习，帮助你培养持续的注意力

正念音乐减压练习
- 选择自己喜欢的音乐，不要力地进入专注状态中

引言

音乐治疗，是运用音乐特有的生理、心理效应，在个体与音乐治疗师的共同参与下，通过各种专门设计的音乐行为，经历音乐体验，达到开发心理潜能、消除心理障碍、修复或增进身心健康的目的。如今，音乐治疗与减压跨越了传统的艺术审美领域，与人本精神和生命科学相融合，取得了新的进展。

由于现代社会媒体的高度发达，音乐资源无处不在，无论是在大街上、电视里、电脑中，还是在手机里，都有各种各样的途径可以接触音乐。如果能通过音乐这种简单易行且为人们所广泛接受的方式缓解压力、激发心理潜能，相信会是一种非常有意义的尝试。

案例

小乐是一名大四学生，曾以优异的高考成绩考取某重点大学的金融专业。进入大学校园后，小乐非常积极，也很合群，在学生会和班级中都担任了主要干部，能力很强，也非常聪明，当然也很朴实。在担任学生会干部期间，小乐越来越觉得无法调节做毕业论文和学生工作之间的矛盾，感觉自己完全被工作填满了，压力超出了自己的负荷，有些应付不过来，出现了睡眠少、白天没有精神、浑身无力、非常疲惫的情况。一段时间后，这种情况不但没有改善，事情反而越积越多，小乐苦不堪言，最终向学校的心理咨询中心求助。

咨询师在了解小乐上述一系列状况后，发现小乐的压力程度非常高，便对他采取了音乐治疗以及音乐想象治疗。随着音乐治疗的进行，小乐紧皱的眉头开始松动，呼吸逐渐平稳，脸上不时出现些许笑容。

在治疗过程中，咨询师发现小乐实际上是名非常优秀的学生，学习上、工作上，对自己的要求都很高，凡事都想做到尽善尽美。但正是这种将他打磨得优秀的特质也让他的抗压能力不够强。面对压力和挫折时容易被情绪压垮，加之完美主义的情怀和懂事的性格，他没能将压力释放出来，而是将压力内化，并指向自己，产生自责。小乐在面对较大压力时，没有选择向其他人说出自己的压力状况，而是选择自己硬抗着，但是他的身体却第一时间做出了反抗，让他顿感力不从心。

音乐治疗结束后，小乐的精神状态明显改善，面露笑容，眼睛重放光彩。在接下来的一段时间，小乐又投入到繁忙的学习、工作中，现在他觉得虽然仍面临着很大的挑战，但是自己愿意勇敢地去尝试，因为音乐给了他一次"新生"。

在音乐中寻找情感共鸣

当人们面临压力时,往往会伴随产生一系列的负面情绪,如焦虑、沮丧、易怒和压抑等,而音乐从各个方面都被证明能够有效地舒缓和改变人们的不良情绪。

音乐对情绪的干预机制可以从以下几个方面进行解释。

首先是生理机制。音乐对心理作用具有明显的主观性和能动性,可以影响人的精神、心理和生理活动。这是音乐治疗的内因。它的相关生理基础建立在中枢神经系统和全身各器官组织的互动网络中,与脑功能、神经内分泌功能、内脏功能等自身组织信息调节机制密切相关。从对人的神经系统局部功能和对与音乐相关的脑区的研究中可以发现,该部分区域大多也和情绪相关联。这为音乐对情绪的调节作用提供了神经生理基础。

表 12-1　音乐对神经系统局部功能的不同影响[1]

影响部位	作用
自主神经系统	兴奋、抑制调节交感神经和副交感神经功能,改善情绪,影响相应的内脏器官功能。
脑干网状结构(上行、下行激活系统)	对音乐刺激能迅速做出反应,缓解睡眠障碍、注意力障碍及调节紧张情绪等。
下丘脑	调节神经内分泌和内脏功能,改善人的情绪活动。

---

[1] 渡边护.音乐美的构成[M].张前,译.北京:人民音乐出版社,1996.

（续表）

影响部位	作用
边缘系统（边缘叶及邻近皮层、杏仁核、下丘脑等皮层下结构）	调节适应环境的高级中枢，调节情绪行为和情绪体验。
皮层	引起脑波变化，调节脑功能状态，转换意识状态。发展听觉、视觉、运动、语言交流、社会认知、自我情感表达以及自救能力和技巧。

除了生理机制，长期以来，在哲学家、生理学家和心理学家中一直存在各种理论流派，都试图解释音乐疗法的身心效应机制。有一种理论认为，音乐首先影响人的情绪，令人产生各种各样的心境，然后作用于人的生理机制；另一种理论认为，音乐通过作用于人的生理从而影响人的心理。事实上，这两种机制在很大程度上是交互作用的。

日本音乐美学家渡边护就音乐与情绪的密切关联提出以下四个观点：一、音乐与情绪都在时间推移的过程中进行；二、音乐与情绪都具有一种非物体的性质；三、音乐与情绪都与视觉的固定性没有关系；四、音乐与情绪是内在流动的以及抽象的。[1]这一阐述对于以情绪作为切入点来探究音乐的身心效应具有相当的启发性。其实，我们每个人都有这样的感受，当我们觉得很烦躁时，听一首舒缓的音乐，会感受到呼吸变得渐渐平顺，心情也会慢慢平静下来，这就是一个生理影响心理的过程。

1　渡边护, 1996.

从心理学角度看，音乐能增强自我意识，帮助人控制情绪，对人的自我产生一种令人欣悦的自主感和对创伤威胁的超越感。"音乐是一种交流的手段。"人生活在群居的社会里，需要表达自己身体与心理的需求。人的生存与发展本身就有赖于对外界的感知和自己的智慧，而患病往往使人产生孤独感和不安全感，并损害患者与外界正常联系时所依赖的感情、情绪或精神，而音乐可以帮助患者在沟通中表达自我，获得反馈。

总的来说，音乐是一种自我表现和情绪释放的特殊手段，具有唤醒、联系和整合人格的力量。案例中小乐的改变，也正是从情绪的释放开始的。人在情绪得到舒缓后，能够透过"阴霾"看清问题的本质，如小乐在接受音乐治疗后，才发现自己的压力原来是由完美主义造成的，这会帮助他重新审视自己的要求是否合理，并更好地去接纳自己。

音乐也是一剂良方

我们都知道，持续或严重的压力会导致人免疫系统受损，这种情况下人们往往面临着患慢性疾病的风险。音乐对人的生理状况有一定的保健功能，可避免人在压力状态下身体的崩溃，会让人的认知功能少受或不受影响，更好地投入到工作和生活中去。

随着学者对音乐疗法的研究逐步系统化、科学化、全面化，音乐所服务的人群扩大到有精神障碍的成人、儿童，有身体缺陷或感觉与知觉受损伤的患者、护理机构中的老年人及犯人等。目前，音乐治疗已经运用到治疗、康复、护理的各个领域，发挥着越来越大的作用。

首先，正念音乐疗法对于肿瘤、癌症等疾病的临床症状具有积极的影响。2019年的一项研究以一批被诊断为骨肉瘤的患者为对象，将他们分为干预组和控制组。[1] 两组均接受常规护理。干预组进行8次正念减压和音乐疗法心理治疗，对照组不进行心理干预。在干预前和干预后，对患者的疼痛感受、焦虑和睡眠质量情况进行了评估。研究显示，8周的正念减压与音乐治疗联合干预有效地降低了患者的疼痛和焦虑程度，提高了患者的睡眠质量。这说明正念减压联合音乐疗法可显著缓解骨肉瘤患者的临床症状，可作为一种新的、有效的心理治疗干预措施。

其次，音乐治疗对于缓解术前焦虑具有明显的效果。[2] 在局部麻醉下手术，听恬静音乐的患者的血压明显低于不听音乐的对照

---

[1] Liu, H., Gao, X., & Hou, Y. Effects of mindfulness-based stress reduction combined with music therapy on pain, anxiety, and sleep quality in patients with osteosarcoma[J]. Revista Brasileira De Psiquiatria, 2019, 41(6): 540-545.

[2] Kushnir, J., Friedman, A., Ehrenfeld, M., et al. Coping with preoperative anxiety in cesarean section: Physiological, cognitive, and emotional effects of listening to favorite music[J]. Birth, 2012, 39(2): 121-127.

组，在全麻状态下的焦虑水平也明显更低；术后苏醒后，听音乐10分钟的患者的焦虑和疼痛程度明显更低，苏醒期到第一次使用止痛剂的时间也显著延长。[1] 此外，在医院 ICU 房间环境的隔离和刺激下，患者容易产生恐惧、焦虑、抑郁等负面情绪，而音乐可以缓解患者的压力，并减轻疼痛感。[2]

阿尔茨海默病、帕金森病、脑外伤后意识障碍、脑卒中等脑损伤疾病，在进行音乐治疗后，患者运动能力可得到改善，社会交往会增多，情绪的稳定性也有所增加。[3] 阿莱索（Aleixo）等人总结了部分 2005—2016 年间使用音乐治疗改善阿尔茨海默病的研究结果，这 12 项研究干预的方式有些是个人的，有些是团体的。总体来说，结果表明，音乐疗法能够显著减轻焦虑、抑郁和神经精神症状，提高患者的认知能力。[4]

---

1 Nilsson, U., Rawal, N., Uneståhl L. E., et al. Improved recovery after music and therapeutic suggestions during general anaesthesia: A double-blind randomised controlled trial[J]. Acta Anaesthesiologica Scandinavica, 2001, 45(7): 812-817.
2 Mofredj, A., Alaya, S., Tassaioust, K., et al. Music therapy, a review of the potential therapeutic benefits for the critically ill[J]. Journal of Critical Care, 2016, 35: 195-199.
3 Agell I. Musical management of Parkinson's disease[J]. Hospital medicine, 2002, 63(1): 54.
4 Aleixo, M. A. R., Santos, R. L., & Nascimento, D. M. C. D. Efficacy of music therapy in the neuropsychiatric symptoms of dementia: Systematic review[J]. Journal Brasileiro De Psiquiatria, 2017, 66(1): 52-61.

新潮流之正念音乐疗法

心理学认为,痛苦是人们对日常生活中经历的心理抗拒的自然反应。为什么现代人的压力水平越来越高?正是由于人们难以正视自己的压力,反而尝试拼命去消除这一自然反应,导致了压力恶性循环。本书前面已经介绍过,正念的功能包括管理身体和情感的痛苦,处理恐惧、恐慌和焦虑,以及应对压力。然而,一些人发现传统的正念冥想练习对一般人来说是难以做到的。为了将正念方法更好地融入个人生活和临床工作,学者们尝试将正念与音乐疗法相结合以便更好地达到减压的效果,从而发展出了以正念为基础的音乐疗法(Mindfulness-Based Music Therapy,MBMT)。

2017年的一项研究探讨了四名音乐治疗师在临床实践中应用正念方法的经验。从研究结果中得出的一个重要结论是,音乐作为一种鼓励和保持专注练习的手段是非常有效的。当音乐作为一种有目的的注意力来源时,个体更有可能参与正念任务(比如引导冥想、设定意图或通过练瑜伽提高身体意识等)。通过音乐,个体可以灵活地保持和转移意识,同时了解自己此刻的所思所想。在临床工作中,有咨询师惊奇地发现来访者在听音乐的时候更专注,其注意力的持续时间至少是不听音乐时候的3倍。由此可见,音乐能够帮助人更迅速、更容易地进入正念状态。

音乐治疗的优势在于能明确知道如何运用积极的、易于人们接受的音乐体验来达到治疗效果。专业的音乐治疗既能提供一个声音焦点来刺激被治疗者的意识，又能不消耗其注意力。专注地听音乐有可能提高一个人的注意力，而通过正念练习，可培养持续的注意力，使其更好地增强注意意识，从而对环境的变化做出更有效的反应。

研究还发现，听自己喜欢的音乐被视为一种能有效地激发兴趣的正念练习方式。这时的音乐相当于一把钥匙。很多人选择听自己熟悉的音乐，但也有人认为应该尝试听不熟悉的音乐，这样的话就不会在听音乐前产生任何情感，这种做法的目的在于防止自己过度进入正念状态，导致"沉思"。熟悉的音乐可以唤起意想不到的情感或带来附加的意义，有可能将自己又引导回沉思状态，而人应努力让自己摆脱这种状态。比如说遭遇失恋时，如果听一些与爱情有关的音乐，反而会让人沉浸在失恋的痛苦中无法自拔。总而言之，就像不同的食物对于人有着不同的作用，有的食物可能会让人更兴奋，有的食物可能会让人补充某种营养，有的食物吃完了以后可能会让人更想睡觉。同理，不同的音乐对人的情绪健康也有不同的影响，所以，最重要的是选择适合自己听的音乐。

音乐还可以让人们更好地体验当下。无论是在聆听还是在创作音乐时，人都应该去感受自己的身心状况，关注自己是否感到放松和舒服，而不是去想这些音乐听起来如何、写出来究竟好不好听。当一个人从习惯性思维中跳脱出来，简单地用音乐融入当下，音乐就成为一种工具，不仅能帮助这个人进入正念状态，还可以成为体现其意愿的力量，并渐渐成为这个人生活中的一部分，令他常常保持内心世界的平静。

正念音乐减压练习

首先，让自己停下来，把手上的事情放下，安静地在座位上坐好，放慢呼吸，可以闭上眼睛，把注意力聚焦到呼吸的节奏上，试着去感受呼吸时空气的进出，把注意力聚焦到自己的内心。感受此时此刻的你是怎样的，你的身体有着怎样的感觉，你的内心有哪些情绪涌动，试着真正地去贴近自己。试着问自己：这一刻内心最需要什么？什么样的音乐可以照顾和满足自己此时此刻的需要？如果你觉得已经找到答案了，就可以睁开眼睛。

你会有哪些需求呢？你可能需要休息，也可能感到状态低迷、没有能量，还可能并不是很清楚自己此刻内心的需求，但却有想听某首歌曲的冲动。如果出现这种情况，不用强迫自己去思考原因所在，直接为自己找出这首歌曲并开始聆听。

大家平时听音乐时，可能是边玩手机边听或者边写作业边听、边工作边听。这里需要注意的是，在尝试用音乐进行自我治疗的练习中，一定要专注地聆听音乐。大家可以尝试用一种全新的方式去聆听音乐，闭上双眼、凝神静坐，在音乐播放的时候关注音乐带给自身的影响。如果很难将注意力聚焦在自己的身体上，可以试着把自己的身体想象成一个巨大的耳朵，这个时候音乐不仅进入你的耳朵，而且会跟你的身体有接触。如果有条件的话，外放音乐会比用耳机听更好。用音响听音乐，它带来的声波影响与耳机是不一样的。

不要在脑海中思考音乐，放下自己的想法和期待，对音乐抱持开放的态度，不要去评判，让音乐引领你。比如听到音乐当中的某个部分，可能你觉得不是当下最需要的或者听了有种奇怪的感受，但是请放下评判和喜好，无论音乐带给你什么，都尝试用接纳的态度去聆听它，让自己放轻松，享受放松后的身体感受，享受音乐。

小结

对大部分人来说，音乐是一种娱乐。但除了娱乐，音乐其实还有许多作用。音乐是调节人的情绪和压力的一种常见工具。音乐能够更容易地进入人的内心世界，是进入内心世界的桥梁。也许是因为歌词，或是旋律，或是节奏，甚或是某种乐器的音色，人们会发现音乐好像很容易就让自己进入内在世界中。当人们深入聆听音乐的时候，其实就是在深入聆听自己的内心世界。音乐是一种情感的陪伴，人们可以用音乐来疗愈自己的情绪。音乐疗法在许多研究中已经被证明有其神经生理基础，对改善身心状况具有良好的效果。近年来，人们开始探究将正念方法与音乐疗法相结合，应用于减轻压力和情绪困扰的临床工作中。结果发现，以音乐为手段，能够帮助人们更好地练习正念减压，从而接纳自我，与压力和平相处。所以，在日常生活中，不如经常尝试在合适的音乐背景下进行正念练习，给自己的心灵来场音乐剧吧。

13

运动疗法与减压

运动疗法与减压

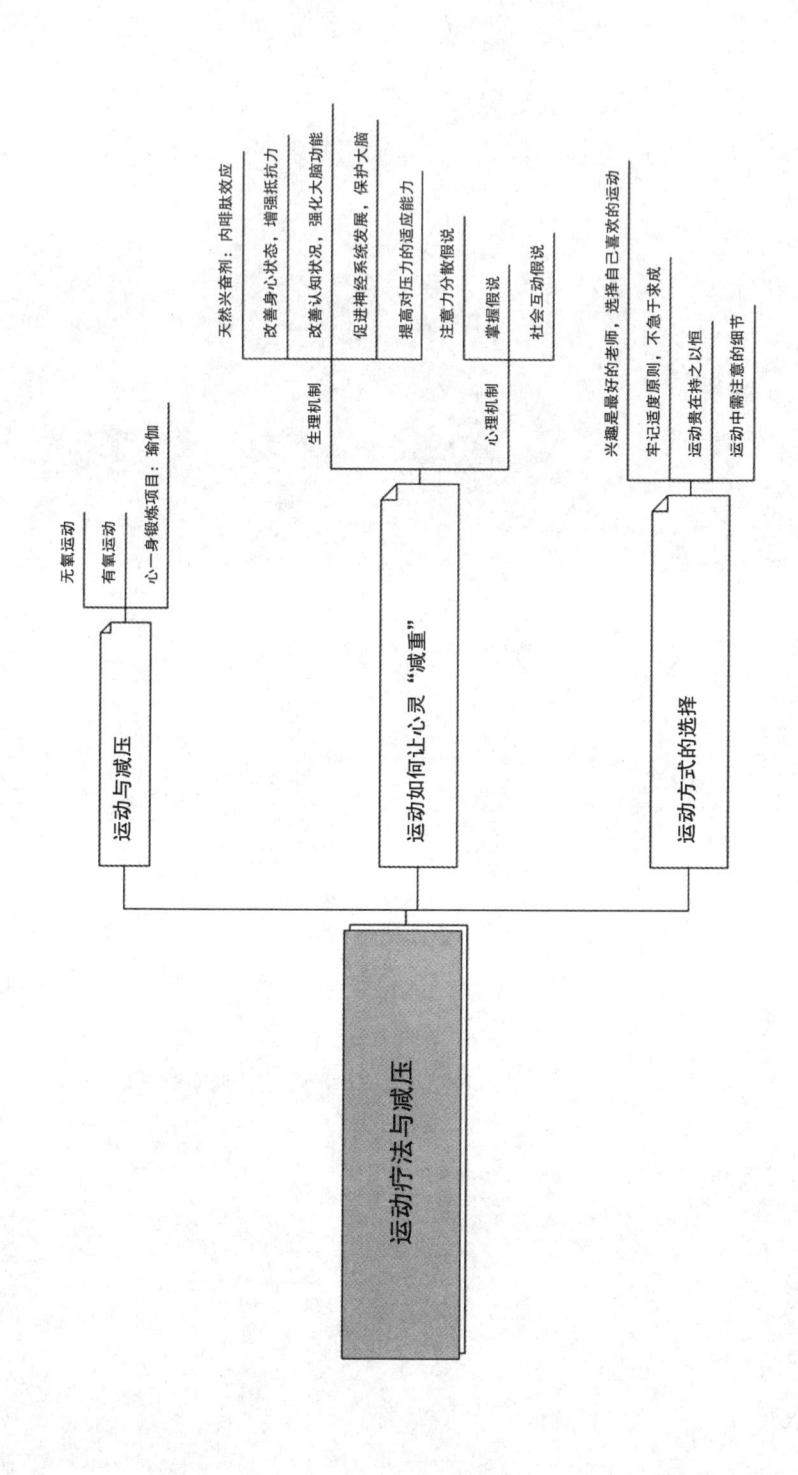

运动与减压
- 无氧运动
- 有氧运动
- 心一身锻炼项目：瑜伽

运动如何让心灵"减重"
- 生理机制
  - 天然兴奋剂：内啡肽效应
  - 改善身心状态，增强抵抗力
  - 改善认知状况，强化大脑功能
  - 促进神经系统发展，保护大脑
  - 提高对压力的适应能力
- 心理机制
  - 注意力分散假说
  - 掌握假说
  - 社会互动假说

运动方式的选择
- 兴趣是最好的老师，选择自己喜欢的运动
- 牢记适度原则，不急于求成
- 运动贵在坚持之以恒
- 运动中需注意的细节

引言

现代压力管理理论认为，外部环境有时让人难以"降压"，导致人不能完全放松下来，但我们要学习的是如何在紧张的状态下，让心理仍然可以保持一种比较放松的状态，即在压力下维持正常的社会功能去工作和生活。

认知评估理论将应对分为两类：一类是问题导向应对，另一类是情绪导向应对。问题导向应对旨在解决引起压力的问题本身，或者提升自身的能力，在实践中消除造成压力的因素；情绪导向应对以情绪为中心，旨在改变人们感知或感受压力的方式。当面对压力源不可改变的情况时，情绪焦点策略最具有适应性。而大量研究表明，运动往往是调动心理潜能、缓解和释放压力情绪的一个非常不错的选择。

案例

小艾是一名大四学生，马上毕业的她已经找好了工作，但是毕业论文却难住了她。离上交初稿只有不到两周的时间了，但是小艾始终对自己的论文不够满意。随着对论文主题研究的不断深入，小艾总觉得自己之前的理解太肤浅，读的文献还不够多，但是时间紧迫，留给她的时间不多了，她开始担心自己能否按时上交论文，逐渐陷入了紧张、烦躁、压抑、担忧等情绪中，每天精气神也不太足，总是感到很疲惫。这种状态持续了一周之后，小艾实在不堪重负，于是去学校心理中心寻求帮助。咨询师发现小艾每天有12个小时以上都在伏案读书、看文献，一坐就是一天，很少站起来活动身体，生活单调而枯燥，而长时间坐着容易造成生理和心理上的疲劳。咨询师建议小艾通过运动来宣泄情绪。运动能够变换刺激强度，起到改善、调节脑功能的重要作用，提高中枢神经系统活动的平衡性和灵活性。比如瑜伽这种运动，做起来既不占空间也容易跟着教程学习，比较轻缓。小艾听取了咨询师的建议，每天中午和晚上都会特地抽出半小时做瑜伽和冥想。她发现自己的紧张情绪在不知不觉中缓解了，每天在学习时也更投入，效率变得更高了，在剩下的一周时间内成功完成了论文初稿。虽然小艾眼前的压力消除了，但她并没有放弃运动的习惯，至今仍在坚持，使身心得到了极大的放松和成长。

运动与减压

人们日常生活中经常进行的运动可以分为无氧运动与有氧运

动两大类。无氧运动是指短时间内需要爆发性体能的运动，比如举重、短跑等。而有氧运动是指有规律地可以较长时间进行的运动，如快走、跑步、跳舞等。但有氧与无氧并不是绝对的，判断一项体育运动对自己是有氧运动还是无氧运动，最简单的办法就是"说话试验"。如果你可以一边运动一边说话，这项运动就是"有氧运动"；如果你在运动中心跳剧烈、上气不接下气、面色苍白、完全说不出话，那么这项运动与强度就可以称为"无氧运动"。跑步、骑自行车、快步走如果速度过快（如竞技比赛），都有可能从有氧运动转变为无氧运动。

表 13-1 有氧运动与无氧运动的区别

类别	有氧运动	无氧运动
特性	有节奏、可持续，运动中能讲话，可顺畅呼吸	短时间、高强度，运动中无法讲话与顺畅呼吸（很喘）
心率	较低，100~120下	较高，130~170下
运动时间	较长，需30分钟以上才有效果	短，4~5分钟就有效果
运动项目	慢跑、打球、游戏、骑脚踏车、跳舞等	重量训练、短跑冲刺、徒手肌力训练等高强度运动
建议时间	40~60分钟	2~4分钟一组（因人而异）
优点	增强心肺功能，节奏较和缓	借由破坏肌肉，造成肌纤维受损，产生肌肉成长的循环
缺点	强度不足以刺激肌肉成长	因需具备一定的肌力基础，动作不标准会有受伤的风险

运动和压力的相关研究主要侧重于有氧运动。研究和日常经验表明，进行有氧运动比无氧运动更有助于增强锻炼者应对压力

的能力。人们在 20~30 分钟的有氧运动后报告说感到更平静，并且这种镇静效应能在锻炼结束后持续数小时。[1]

最近，越来越多的研究关注心身类锻炼项目的作用。以瑜伽运动为例，它不仅能够带来生理层面的改变，还能够促进人们心理上的成长。瑜伽的本义就是控制心的作用，故瑜伽的修行就是为了让人们的意识、头脑的波动趋于平静。就方法来看，瑜伽与正念、导引养生功能有许多相似之处。

北京大学的亓昕老师于 2016 年在校内开展了一项瑜伽教学实验。该研究分别采集了瑜伽课堂上学生的一系列生理与心理指标，包括身体柔韧性、运动能力、唾液、专注力、情绪等，观察它们在瑜伽课前后的变化，同时与体适能班和未选体育课的同学进行了横向比较。从整体结果来看，一个学期后，选修瑜伽课的学生在关节柔韧性、单腿站立平衡能力以及核心力量方面都有了显著的提高；在心理指标方面，选修瑜伽课的同学在自我效能、希望、自由时间的自主、压力、工作倦怠、工作投入、身体思维倦怠、活力、自我反思、满意度、正性、情绪延迟满足、心理健康等方面也都出现了显著的积极变化。

以上研究反映了瑜伽在减压和促进心理成长方面的长期效

---

[1] Yang, C., & Chen, C. Effectiveness of aerobic gymnastic exercise on stress, fatigue, and sleep quality during postpartum: A pilot randomized controlled trial[J]. International Journal of Nursing Studies, 2018, 77: 1-7.

应。为了探究进行一次瑜伽练习是否也能带来这种效果，亓昕还进行了相关研究。结果发现，和其他运动相比，瑜伽课后学生的压力水平显著降低，专注力显著提高；情绪、自尊、自我同情、心理韧性等心理指标也都出现了积极转变，但是和对照组相比差异不显著。

导致这一现象的原因可能与在练习瑜伽时格外注重呼吸练习有关。瑜伽的练习过程实际上与导引养生功能相似，它们都是由呼吸来引领动作，每一个动作都与呼气和吸气相配合，帮助人们感受气息在身体中的游走，让身心合一，实现共同发展。接着以上实验，亓昕对教学模式做出修改，一组同学在练习瑜伽时做呼吸练习，另一组则只进行画面冥想。结果表明，采用呼吸练习的同学，创新效能、创造力、工作与学习意愿，包括正念、乐观、压力程度，都得到了改善，出现了积极方面提高以及消极方面降低的趋势，也验证了呼吸在瑜伽中起到的关键作用。

除了上述研究，还有许多国内外研究支持了瑜伽的减压效果。关于对太极和瑜伽的综述的研究表明，每周2~3天进行60~90分钟的练习，可以有效减少压力并提高幸福感。一项在工作环境中进行的研究通过自我报告和生理指标测试（如呼吸率和心率变化参数）发现，进行15分钟椅子上的瑜伽体式能有效减少急性压力。这项发现表明采取这种运动类型，通过更短时间的练习也能够有效减少急性压力。[1]

运动如何让心灵"减重"

运动减压的效果产生机制包括多个层面,既有生理层面的,也有心理层面的,还有生理和心理交互作用产生的。

(一)生理机制

第一,运动之所以能缓解压力,让人保持平和的心态,与内啡肽效应有关。内啡肽是身体内自己产生的一类内源性的具有类似吗啡作用的肽类物质。当人们进行一定的运动时,体内的内啡肽会持续分泌。但并非所有运动都能产生内啡肽。内啡肽的分泌需要一定的运动强度和运动时间。现在一般认为,中等偏上强度的运动,比如跳健身操、跑步、登山、打羽毛球等有氧运动,在运动 30 分钟以上才能刺激内啡肽的分泌。

当人喜笑颜开时,大脑合成和释放的内啡肽增加;长期坚持体育运动的人常在运动后感到心情舒畅,就是运动促进了内啡肽分泌的缘故。如果有一天不去运动,内啡肽分泌减少,人会变

---

[1] Tsai, S. Effect of yoga exercise on premenstrual symptoms among female employees in Taiwan[J]. International Journal of Environmental Research and Public Health, 2016, 13(7): 721.

得无精打采。现在越来越多的人选择坚持健身，一方面出于减脂或保持体形的需求，另一方面，运动也改变了人的心态和生活方式。在许多运动 App 的评论区或运动视频的弹幕区，人们都分享着运动带来的正向变化，如更自律、更积极向上、更快乐，等等（见图 13-1）。

第二，运动能够改善身心状态。跑步、登山、游泳等有氧运动可以提高循环系统和呼吸系统功能、改善肝脏的代谢能力和造血能力，有利于身体健康。而一具充满活力的身体能够增强人应对、承受压力的能力。2016 年，有学者对 17 个国家进行了世界精神健康调查，探究了第四版《精神障碍诊断及统计手册》

图 13-1　运动调适人的生理状态

（DSM-IV）中记载的16种精神障碍与10种慢性身体疾病之间的关系。结果表明，16种精神障碍与10种慢性身体疾病之间的大多数关联具有统计学意义，各种精神障碍都与各种慢性身体疾病发病风险的增加有关。[1]由此可见，健康的身体是心理保健的重要基础，运动锻炼是人们生活中必不可少的内容。

第三，运动能够改善认知状况，强化大脑功能。运动不但能使人感到快乐，还能增强记忆力，使思维更敏捷，提高大脑抗疲劳的能力。研究人员曾要求运动员在跑完马拉松之后直接汇报其痛苦程度和情绪状态，随后对他们进行6个月的追踪，再让他们回忆完成马拉松之后的痛苦记忆。结果他们似乎都忘记了曾经的痛苦，尤其在跑完马拉松之后，情绪高涨，忘得更彻底。韩国电影《马拉松》讲述了一个感人的励志故事，患有自闭症的主人公楚元在母亲庆淑和教练正旭的训练下，通过参加马拉松比赛，达成了和他人的高质量沟通与自我实现。

第四，运动还能够通过促进神经系统的发展来减压。体育锻炼会增加单胺类的突触传递，包括血清素、多巴胺、肾上腺素等具有抗抑郁作用的神经递质，促进神经生长，提升对脑损伤的抵抗力，改善学习和精神状态。2014年的一项研究表明，在面临

---

[1] Scott, K. M., Lim, C., Al-Hamzawi, et al. Association of mental disorders with subsequent chronic physical conditions: World mental health surveys from 17 countries[J]. JAMA Psychiatry，2016，73(2): 150-158.

慢性压力时进行主动自愿的锻炼显著增加了成年人的海马体神经元，并防止了因压力而导致的"何时何地"的情境记忆缺陷。尽管压力大的个体会尽量减少自愿运动，但运动仍然可以改善其记忆，抵消压力引起的神经发生和行为方面的缺陷。[1]

第五，一种最新的观点认为运动本身也是压力情景，会唤起与压力情景类似的生理反应，而在规律锻炼的过程中，可以提升机体应对压力反应的能力，从而减轻压力带来的不良影响。

综上所述，通过血清素、多巴胺、肾上腺素、内啡肽、去甲肾上腺素的综合作用，加之体育锻炼对改善体质的积极影响，可以认为运动有利于调适人的生理状态，让人更好地应对生活中多种多样的压力。

（二）心理机制

关于运动减压的心理机制，主要有以下几种说法。

一是注意力分散假说。运动可以暂时切断主体和压力源之间的联系，拉远与压力情景的距离，能够分散消极思想以及恢复积极思想，让人从不利的刺激中转移注意力。运动还能够让大脑集中注意力，创造与自己对话的机会，不再被思绪纷扰。

---

[1] Morais, M., Santos, P. A., Mateus-Pinheiro, A., et al. The effects of chronic stress on hippocampal adult neurogenesis and dendritic plasticity are reversed by selective MAO-A inhibition[J]. Journal of Psychopharmacology, 2014, 28(12): 1178-1183.

著名作家村上春树坚持跑步30余年，每年至少参加一次马拉松比赛。他在作品《当我谈跑步时，我谈些什么》中写道："希望一人独处的念头始终不变地存于心中，所以一天跑一个小时，来确保只属于自己的沉默的时间，对我的精神健康来说成了具有重要意义的功课。至少在跑步时不需要和任何人交谈，不必听任何人说话，只要眺望周围的风光，凝视自己就行。这是任何东西都无法替代的宝贵时刻。"[1]

二是掌握假说。有研究表明，低自尊的个体可能缺乏必要的应对资源来调节环境压力源，通常预示着日常生活中个体会经历更多的消极情绪、更少的积极情感、更大的压力以及更严重的心理症状。运动可能会诱发一种掌握感或成就感，从而改善情绪并减轻压力。运动时对身体的控制能使人恢复对自己的掌控感，而敢于做运动挑战有助于提高自信。在参与一项令人兴奋、具有挑战性和有趣的新运动时，如蹦极，新奇的刺激可拓宽自我体验。

三是社会互动假说。体育活动中普遍存在社会关系，人参加运动，能够增加社交机会，而参加团体活动，与人交往沟通或结交新朋友更为方便，这都有助于减轻压力。有许多运动都需要以团体或者结伴的形式进行，如篮球、足球、羽毛球、乒乓球、网

---

[1] 村上春树. 当我谈跑步时我谈些什么 [M]. 施小炜，译. 海口：南海出版社，2009.

球等。加入相关的体育社团可以帮助你在学习运动技术的过程中和他人进行合作互动，丰富自己的人际关系。

运动方式的选择

了解了运动减压的原理及其益处后，需要进一步思考如何养成运动的习惯，以及如何选择适合自己的运动方式。

首先，运动要从兴趣出发。选择自己最感兴趣的运动项目，更有利于缓解压力。这一方面是因为人们从事自己感兴趣的事情时更容易持之以恒，另一方面是由于人们在感兴趣的运动中能够更好地享受过程、转移注意力。在实际生活中也不难发现，户外运动比在健身馆内的无氧力量训练更有趣味，也更易于将自己抽离出压力情境。锻炼者可结合自身的身体素质、可支配时间和兴趣爱好，选择一两项感兴趣的运动，在身心愉悦的体育锻炼中提高身心素质、有效缓解压力。

其次，要遵循适度原则，循序渐进地提高运动强度。压力感受者往往承受着现实生活的重负，很多人身心状态欠佳，如果在运动减压时贸然进行剧烈运动或长时间过量运动，就很容易受伤。即便身体无恙，在锻炼后也很容易感到疲劳并难以恢复。因此，运动减压一定要遵循适度原则，否则会适得其反。在各种运动训练课程或 App 中，总会有初步的定级环节，根据运动者以往的运动经验和频率，分为初学者、中阶、高阶等级别，匹配相应难度的课程，并逐步加大难度。万事开头难。健身的最关键之处就是行动起来，这对久坐不动、深陷抑郁症的人来说尤为艰难。研究表明，无论是和朋友一起跑步、集体骑自行车还是与邻居一同散步，都比个人锻炼要更容易些，与他人一起锻炼带给神经系统的益处比个人锻炼还要多。所以，让我们开始尝试着和朋友一起从轻度运动开始，养成运动习惯吧。

《运动改造大脑》一书中提到，如果我们以最大心率55%~65%的强度开始每天步行1小时，那么在这个时限内的行走距离自然而然就会增加，我们的体形也能逐渐得到改善。[1]

保持最大心率65%~75%的强度，会让我们的身体由单纯燃烧脂肪转变成燃烧脂肪和葡萄糖。这种强度的运动会让肌肉组织产生微小损伤，并让所有细胞处于不断的损伤和修复中。不过在这种运动强度下，新陈代谢的需要会逐渐增强这种反应。

当我们保持最大心率75%~90%的高强度运动时，我们的身体会进入一个全面展开的应急状态，而越过一定限度（无氧阈值），身体的代谢方式便从有氧转变成无氧。此时，脑垂体就会分泌出人体生长激素（HGH）。它有助于燃烧腹部脂肪，让肌肉

---

1 约翰·瑞迪，埃里克·哈格曼. 运动改造大脑[M]. 浦溶，译. 杭州：浙江人民出版社，2013.

纤维有序层叠，同时增大脑容量。

此外，运动贵在持之以恒。通常，"没有时间"是个体最常出现的锻炼阻碍因素。缺乏动力、疲劳、不良睡眠习惯和不良饮食习惯也是与压力相关的能够对锻炼依从性产生负面影响的因素。任何事情只有全身心投入和持之以恒地去做，才能产生最好的效果，运动也是如此。运动减压者需要凭借理性和意志力保持运动习惯，才能形成防控压力的"长效机制"，实现身心的双赢。

最后，运动时还有一系列细节需要注意。

第一，傍晚进行运动减压效果最佳。因为人们体力的最高点和最低点受机体生物钟的控制，一般在傍晚达到高峰。比如，身体吸收氧气量的最低点在18点；心脏跳动和血压的调节在17～18点之间最平衡；而身体嗅觉、触觉、视觉等也在17～19点之间最敏感。此外，在16～19点之间体内激素的活性也处于良好状态，身体适应能力和神经的敏感性也最好。所以，傍晚锻炼是非常适宜的，但在晚间时段要注意运动强度，强度过高，会使交感神经兴奋，妨碍入睡。

第二，剧烈运动后不可冲冷水浴。此时身体热气蒸腾、全身毛孔张开，需要通过排汗来散热，冷水的刺激会令毛孔收缩，影响汗液排出。

剧烈运动后不要马上喝冰水。此时身体各器官不能马上恢复平静，喝冰水容易对身体造成伤害。同样，此时也不能立即大量饮水，否则会导致身体盐度大幅降低，引起休克。运动后可以少量进水，缓慢喝2~3小口即可。

长跑、踢足球等剧烈运动后不宜蹲坐休息，否则不利于下肢血液回流，影响血液循环，易加重肌体疲劳。

小结

压力在生活中是普遍存在的，人们虽然不能消灭压力，但可以采取适当方法对压力进行有效的控制。应对的方式包括问题导向应对和情绪导向应对两大类。运动减压策略属于情绪导向应对，它并非要解决引起压力的问题本身，而是改变人们感受压力的方式，使人以更好的身心状态从容地面对生活中的各种压力。

研究表明，运动有助于人们缓解精神疲劳，减弱对压力的感受，并改善面对压力时的生理反应。运动减压的效果是由生理机制和心理机制交互作用产生的。在生理层面，体育运动可以刺激机体更多地生成"快乐因子"内啡肽和血清素、多巴胺、去甲肾上腺素等具有抗抑郁作用的神经递质，使人在运动后感觉平静，改善情绪，把压力和不愉快带走。体育运动还可以改善健康、优化大脑功能，增强人们应对压力的生理基础。运动减压的心理机制主要基于注意力分散假说、掌握假说、社会互动假说三种理论。

目前瑜伽、太极、气功、正念等心—身锻炼项目越来越受到欢迎。比起其他的有氧运动，瑜伽能够使人们更加专注，并且更加积极地投入工作与学习之中，提高工作效率与生活幸福感，其关键在于瑜伽过程中的呼吸练习。这也进一步提示我们，在进行其他活动时，可以将呼吸练习纳入其中，在一呼一吸之间达成身心的深入沟通交流。

运动是一项低成本的减压活动，我们常在各种场合听到关于运动解压的好处。适当运动确实会增强人们的体质、缓解僵坐带来的肌肉酸痛感。但需要注意的是，每个人适宜的运动量是不同的，一味遵循书本上的建议并不能让人们达到放松的目的，反而会因"过劳"而感到更加疲惫。选择适合自己的运动方式及运动强度，从现在开始走出房间，接触大自然，更好地适应压力，以轻松快乐的心态投入到生活中去。

附录

附录 13-1　瑜伽减压练习

可在网上搜索《大学瑜伽》等相关课程的视频。

14

宋词中的压力管理

宋词中的压力管理

"三境界论"与压力管理
- "昨夜西风凋碧树。独上高楼,望尽天涯路":第一境界,探索,有意识地独自寻找人生目标
- "衣带渐宽终不悔,为伊消得人憔悴":第二阶段,奋进,坚守目标,为之努力
- "众里寻他千百度。蓦然回首,那人却在,灯火阑珊处":第三阶段,实现目标,压力得以排解

宋词压力管理的理论基础
- 知觉选择性:换个角度看,心态就改变
- 认知行为主义"ABC"理论:同样的事件(A),不同的观点信念(B),会导致不同的结果(C)
- 三角体自我理论:肉体的"我"、精神的"我"、感受到的"我"。最核心的是反观的"我"

宋词中的压力管理技巧
- 宣泄:"十年生死两茫茫。不思量,自难忘",直接表达相思之苦,直抒胸臆
- 替代:"小舟从此逝,江海寄余生",将余生寄托于江海之中
- 转移:"故山知好在,孤客自悲凉",将悲伤之苦寄托在与家人相见之上
- 希望:"门前流水尚能西,休将白发唱黄鸡",乐观的应对心态
- 暗示和升华:"回首向来萧瑟处,归去,也无风雨也无晴",人生会如天气一样,归于平静
- 放松和转移注意力:"人间有味是清欢",使用放松的态度来应对压力
- 做事和专注当下:"休对故人思故国,且将新火试新茶。诗酒趁年华",活在当下,关注当下,专注于当下的事情,自然没有那么多精神被压力牵绊
- 精神胜利法:"青春都一饷。忍把浮名,换了浅斟低唱",用洒脱和豪迈来替代当时的失落心情
- 时空抽离:"大江东去,浪淘尽、千古风流人物",扩大时间,扩大空间,看到更美好、更有希望的未来,进行自我暗示和自我鼓励
- 辩证思维:"说与儿曹莫笑翁,狗窦从君过",辩证看待,有智慧地化解压力
- 幽默:"昨夜松边醉倒,问松'我醉何如'",拟人的手法,用幽默的态度看待糟糕的境遇
- 认知扩大:"万里江湖烟舸。脱尽利名缰锁",将视角投入到更大的领域和范围,压力强度也会因此得以减弱

引言

宋词是我国宋代盛行的一种文学体裁，是宋代儒客文人的智慧精华，也标志着宋代文学的最高成就。本章以苏轼等宋代文学家的代表词作依托，挖掘这些跨越千年的文字中蕴含的压力管理技巧（比如替代、宣泄、转移和自我暗示等），试图从传统文化的角度给读者压力管理技巧的提升带来一些启发和给养，力图做到既有趣又实用。

案例

首先，让我们来看一首词：《念奴娇·赤壁怀古》。这是我们耳熟能详的宋代文学家苏轼的词作，全词原文如下：

大江东去，浪淘尽、千古风流人物。故垒西边，人道是、三国周郎赤壁。乱石穿空，惊涛拍岸，卷起千堆雪。江山如画，一时多少豪杰！遥想公瑾当年，小乔初嫁了，雄姿英发。羽扇纶巾，谈笑间、樯橹灰飞烟灭。故国神游，多情应笑我，早生华发。人生如梦，一樽还酹江月。

虽跨越千年，但是每每读此，我们依然能够感受到作者无比豪迈的情怀和宽阔的心胸，尤其是"人生如梦，一樽还酹江月"一句，意思是人的一生就像梦一般，还是用手中的酒来祭奠这江水和明月吧。作者在作这首词时，正处于因"乌台诗案"被贬谪黄州期间，实际境遇与澎湃的内心形成了鲜明的对照。这也恰恰体现了作者的生存智慧、达观态度。换句话说，作者掌握了高水平的压力管理技巧。本章挑选了苏轼和其他词人的代表词作，并探索这些词中蕴含的压力管理理论和技巧。

现代公认的科学心理学是在1879年建立的，距今不到200年的时间。但是我们都知道，中华民族有上下5000年的历史。那么，大家有没有想过，在这5000年里，中国古人是怎么解决心理问题的？靠的肯定不是现代心理学的知识理论体系。大家可以推测，这肯定和中国的传统文化，比如儒、释、道、哲学和唐诗、宋词等，有着千丝万缕的联系。

本章就来讲一讲"宋词中的压力管理"。从大家熟知的词句入手，将它们与心理学压力管理的知识做一个巧妙的融合，让大家在鉴赏词句文学魅力的同时，挖掘其中蕴含的压力管理技巧。

"三境界论"与压力管理

在讲"宋词中的压力管理"前，我们先来看看国学大师王国维先生用宋词建构的人生"三境界论"。这是他在《人间词话》

中做的论述。他说古今成大事者，大都会经历三个阶段，即三个境界。

第一个境界是："昨夜西风凋碧树。独上高楼，望尽天涯路。"这是晏殊《蝶恋花》里面的句子。这首词的内容是这样的："槛菊愁烟兰泣露。罗幕轻寒，燕子双飞去。明月不谙离恨苦，斜光到晓穿朱户。昨夜西风凋碧树。独上高楼，望尽天涯路。欲寄彩笺无尺素，山长水阔知何处。"王国维选取其中三句，讲述了人生的第一个阶段，是求索的阶段，也是奋进的、不断汲取的阶段。

第二个境界是："衣带渐宽终不悔，为伊消得人憔悴。"这两句选自柳永的《凤栖梧》。原词是这样的："伫倚危楼风细细。望极春愁，黯黯生天际。草色烟光残照里。无言谁会凭阑意。拟把疏狂图一醉。对酒当歌，强乐还无味。衣带渐宽终不悔，为伊消得人憔悴。"这首词大多为情话，是表达男女爱慕之意的心里话，所以很优美、感情很真挚，但也可以拓展到更广阔的情境中去。

第三个境界是："众里寻他千百度。蓦然回首，那人却在，灯火阑珊处。"这几句词出自辛弃疾的《青玉案·元夕》："东风夜放花千树。更吹落、星如雨。宝马雕车香满路。凤箫声动，玉壶光转，一夜鱼龙舞。蛾儿雪柳黄金缕。笑语盈盈暗香去。众里寻他千百度。蓦然回首，那人却在，灯火阑珊处。"

这三句词，从字面意思上应该都是很好理解的，结合词句本身的含义更是非常明了。那么从心理学角度如何理解这三个层次呢？或者说这三句词背后的心理学含义是什么？在第一境界，大家能否想到，"昨夜西风凋碧树。独上高楼，望尽天涯路"，这是在寻找，寻找人生的目标。但是有一点，必须独上高楼，才能望尽天涯路，所以这第一步是有意识地独自寻找。第二个层次，"衣带渐宽终不悔，为伊消得人憔悴"，这个阶段是找到目标后，坚守目标，为实现目标去努力。第三个层次，"众里寻他千百度。蓦然回首，那人却在，灯火阑珊处"，我们可以看到，这个阶段目标已经实现。当你不停地坚持去为了这个目标而努力，总有一天，回头一看，目标已经实现了。

很显然，古今成大事者在目标实现的过程中的三个阶段，都会面对形形色色的压力，有探索的压力，不断尝试只为寻找合适的目标；有奋进的压力，苦苦探究只为实现既定目标；当然也有目标达成时候，压力终于得到排解时的满怀释然。

宋词压力管理的理论基础

第一个理论基础：换个角度看问题，从而带来不同的心态和结果。所谓"换个角度看，心态就改变"。比如下页图 14-1 的左图，既可以看成一匹马，又可以看成一只青蛙；而右图，既可以看成是一位老妇人，又可看成是一位妙龄少女。总之，同一张图，换个角度看，图的内容有所变化，心态也会随之改变。这是一个很简单的道理。

图 14-1　换个角度看，心态就改变

第二个理论基础：前文描述过的 ABC 理论。我们知道，A 是前因，就是事情的本身，B 是信念或者是认知，而 C 是认知的结果，以情绪反应为主。事情本身 A 与情绪 C 之间起到关键作用的是认知 B。也就是说，对于同一件事，不同的人会产生不同的认知和看法，相应地才会有不同的情绪和行为结果。

第三个理论基础：是我们要着重介绍的三角体自我理论。在这里我想请各位读者思考你做一件事的时候，比如上课或者工作时，是有几个"我"在起作用呢？换句话说，人这一辈子有几个

"我"同时存在着。按照这个理论，人是一个三角体，人的意义有以下几个要点：第一个"我"是肉体的"我"，比如我们每个人都有不同的体形和长相；第二个"我"是精神的"我"，思想上的"我"，意思是每个人都有自己的思想，每个人都因为思想独特而与众不同；第三个"我"是五官能够感受到的"我"。最核心的是"反观的我"，每个人都不一样，这也是压力管理的最高级状态，是对自我反思的状态。这有些类似于我们古话说的"吾日三省吾身，为人谋而不忠乎？与朋友交而不信乎？传不习乎？"。实际上，"反观的我"就是要看能不能够把另外三个"我"——肉体的"我"、精神的"我"和感受到的"我"很好地结合起来。

综合以上理论，可以提炼出以下 12 种常用的压力管理的方法：宣泄、替代、转移、希望、暗示和升华、放松和转移注意力、做事和专注当下、精神胜利法（阿 Q 精神）、时空抽离、辩证思维、幽默、认知扩大。从字面上，大家能简单判断这些词语的意思，而在接下来的宋词赏析环节，我会结合具体的词来进一步说明。

宋词中的压力管理技巧

首先，向大家介绍"压力管理大师"苏轼。讲到苏轼，可以用数字简单概况，那就是"八三四一"。我们结合着苏轼的生平经历来看，"八"是"八州太守"，苏轼先后当过密州、徐州、湖州、登州、杭州、颖州、扬州、定州八个州的太守；"三"是"三部尚书"，先后担任过吏部、兵部、礼部尚书；"四"是曾被"贬谪四州"，先后被贬到黄州、汝州、惠州、儋州；而"一"是担任过一任皇帝"秘书"，职务为"翰林学士知制诰"。苏轼从政28年，被贬谪12年之久。相当一部分时间都在外边被流放，"此身如传舍，何处是吾乡"，其人就像一直辗转在各家旅馆一样，没有安身之所。

了解了苏轼的生平，我们正式进入苏轼的宋词赏析，看看其词中蕴含了哪些压力管理方法。

1．宣泄

第一首词是《江城子·乙卯正月二十日夜记梦》，它是苏轼写给亡妻的。这首词在祭词里面是非常著名的，情绪的表达很充分，大家可以看到这首词有多么感人。

十年生死两茫茫。不思量，自难忘。千里孤坟，无处话凄凉。纵使相逢应不识，尘满面，鬓如霜。夜来幽梦忽还乡，小轩窗，正梳妆。相顾无言，惟有泪千行。料得年年肠断处：明月夜，短松冈。

作者大意是如果我去世以后，在另一个世界遇到了你，也应该都认不出彼此了。你和我都已经老了，头发花白，但是我昨天做了个梦，梦里的你像往日一样，在窗前梳妆。我们从此词中可以读出来，这首词实际上是苏轼在宣泄自己内心极度悲伤的情绪，把对亡妻的思念生动形象地表现出来，直抒胸臆。

2．替代

下面这首词是苏轼在被贬以后写的《临江仙·夜归临皋》，这首词也写得非常好。他的号——东坡先生，就是在这时候起的。他被贬到这个地方后，因为这里非常偏僻，吃饭都成了问题，于是他就开垦了一片荒地。

夜饮东坡醒复醉，归来仿佛三更。家童鼻息已雷鸣。敲门都不应，倚杖听江声。

长恨此身非我有，何时忘却营营？夜阑风静縠纹平。小舟从此逝，江海寄余生。

上阕写夜醉，大意是晚上喝酒，醉了又醒，醒了又醉。回到居所，家童已睡熟，无人开门，只得"倚杖听江声"。酒后静立于夜深的长江边，很容易触发联想。下阕写酒醒时的思想活动，想到自己几经挫折，受尽冤屈，满腹才华，却落得获罪流放的下场。他躲开了名利场，乘坐扁舟，归隐江湖。但何时能把这世间的功名利禄忘却呢？与其这样，还不如驾一艘小船，在长江上自由地来往，把余生都寄托在江海里。所以从心理学角度来分析，这首词既是一种宣泄，也是一种情绪的替代。这实际上是酒后对自己苦闷心情的一种寄托。

3．转移

下面这首词是《临江仙·送王缄》，从题目上也可以看出来词是在送别亲人时所作，实际上这首词是苏轼写给他的内弟王缄的。

忘却成都来十载，因君未免思量。凭将清泪洒江阳。故山知好在，孤客自悲凉。

坐上别愁君未见，归来欲断无肠。殷勤且更尽离觞。此身如传舍，何处是吾乡！

翻译过来就是，在跟你见面的时候，我没让你看见我的伤心，但是归来后我难过得肠子都要断了。这首词运用了转移的技巧，把悲伤的情绪转移到了与内弟的会面上。另外，直接写自己有多么难受，"欲断无肠"。"此身如传舍，何处是吾乡！"最后一句说，我这人，这一辈子到处流浪，哪个地方才是我的归宿呢？也可以说是一种情绪的宣泄。

4. 希望

下面这首词是《浣溪沙·游蕲水清泉寺》。

游蕲水清泉寺，寺临兰溪，溪水西流。山下兰芽短浸溪，松间沙路净无泥，萧萧暮雨子规啼。谁道人生无再少？门前流水尚能西，休将白发唱黄鸡。

苏轼被贬到黄州，一天去游玩蕲水清泉寺，寺院门口有条小溪，溪水特别清澈，但是从东往西流的，所以他就有感而发。他说，谁说人无再少年呢？门口的溪水都能自东向西地反向流动，那么如果人们能努力奋进起来，自然也就能"返老还童"，重回少年时。没错，这首词蕴含着希望的压力应对方式。

5. 暗示和升华

《定风波·莫听穿林打叶声》是苏轼被贬到黄州以后写的一首词。

三月七日沙湖道中遇雨。雨具先去，同行皆狼狈，余独不觉。已而遂晴，故作此。

莫听穿林打叶声，何妨吟啸且徐行。竹杖芒鞋轻胜马，谁怕？一蓑烟雨任平生。

料峭春风吹酒醒，微冷，山头斜照却相迎。回首向来萧瑟处，归去，也无风雨也无晴。

这首词说的是去往沙湖的路上，忽然下起了大雨。带着雨具的人先走了，苏轼和几个同僚就在后面慢慢地走。同行的朋友们都觉得很狼狈，苏轼却感觉没有什么大不了的，天不久就放晴了，所以写了这首词。

乍一看此词没有什么特别的意思，很简单，就是下雨了，被淋了，然后雨停了，天晴了。表面看是这样，实际上则是暗流涌动。"竹杖芒鞋轻胜马"，我拄着拐杖，穿着草鞋，反而觉得更轻松，有什么好怕的呢？最后一句"回首向来萧瑟处，归去，也无风雨也无晴"。当我走完这条路的时候，狂风大作，回头看看没有什么大不了，一切都会归于平静。就是经历事以后，再回头看，一切都会平静，细品可以发现，这写的已经是人生了。

我们可以看到这首词用了心理学中的两个鲜明的压力管理方法：心理的暗示和升华。面对狼狈的境况，苏轼自我暗示"没什么大不了的"，并将所看之景进行了升华，认为一切都会归于平静，从而缓解了心底的巨大压力。当然，这里也暗含着希望的技巧。

6．放松和转移注意力

下面是《浣溪沙·细雨斜风作晓寒》。

元丰七年十二月二十四日，从泗州刘倩叔游南山。

细雨斜风作晓寒，淡烟疏柳媚晴滩。入淮清洛渐漫漫。雪沫乳花浮午盏，蓼茸蒿笋试春盘。人间有味是清欢。

这首词最著名的是最后一句："人间有味是清欢。"人生能够真正有意义的，是平平淡淡的幸福。作者首次使用了放松和转移注意力的方式来调节自己面临的压力。而这一点在我们的日常生活中也是非常具有借鉴意义的，并且可操作性极强。

7．做事和专注当下

下面这首词也很有名气，是《望江南·超然台作》。

春未老，风细柳斜斜。试上超然台上看，半壕春水一城花。烟雨暗千家。

寒食后，酒醒却咨嗟。休对故人思故国，且将新火试新茶。诗酒趁年华。

最后一句"诗酒趁年华"，意思是别想那么多啦，活在当下最重要。苏轼在这里使用了什么样的压力调节方式呢？就是活在当下，而关注当下，专注于当下的事情，自然没有那么多精力为压力所牵绊了。

当然，除了苏轼的词，还有许多词人的诗词也蕴含了丰富的心理学知识和减压方式。请一起来赏析。

我们看一首晏殊的《浣溪沙·一向年光有限身》。

一向年光有限身，等闲离别易销魂。酒筵歌席莫辞频。
满目山河空念远，落花风雨更伤春。不如怜取眼前人。

这首词字面的意思就是，我想着这么多的愁，想的东西那么多，不如把我眼前的生活过好，活在当下，何必去想千里以外的事情呢？那样岂不是自寻烦恼？不如珍惜当下。"满目山河空念远"，大好山河都太远了，都不在我面前，不如珍惜眼前之人。实际上，使我们感到有压力的很多问题都是指向未来和远方的，适时使用活在当下的方法，也许能够瞬间将自己拉回到现实，享受当下，忧愁和苦恼也就自然消失了。

8. 精神胜利法（阿Q精神）

下面这首词是柳永写的《鹤冲天·黄金榜上》。

黄金榜上，偶失龙头望。明代暂遗贤，如何向？未遂风云便，争不恣狂荡？何须论得丧。才子词人，自是白衣卿相。

烟花巷陌，依约丹青屏障。幸有意中人，堪寻访。且恁偎红倚翠，风流事，平生畅。青春都一饷。忍把浮名，换了浅斟低唱！

柳永是情圣，"凡有井水处，皆能歌柳词"。柳永的词在宋代具有非常高的流传度。为什么凡有井水处，便有柳词呢？因为古代大家生活的地方都有井水或河水，柳永一辈子活得很潇洒，写了无数首表达爱慕之情的诗词，而他的歌词在当时也最广为流传。

这首词的词牌名起得很大气，叫《鹤冲天》。"黄金榜上"是开头第一句，所以他的姿态要"鹤冲天"，说白了，就是因为"高考"没上榜，没考上，很失败，看到金榜上没有他的名字，情绪一激动就写了这首词，后来传播出去了。词中"明代暂遗贤，如何向"，即先前的朝代里，也有先贤没能够金榜题名，可那又有什么关系呢？不如去"烟花巷陌，依约丹青屏障。幸有意中人，堪寻访"。青春只有一次，我又何必这么在意功名利禄呢？不如去寻找我的爱人，把酒言欢。这所谓的功名利禄还不如听着小曲，喝着小酒，"浅斟低唱"。

这首词写得通俗，流传度很高，以至都传到了皇帝的耳朵里。后来柳永继续参加考试，连续考了几年，最后见了皇帝，皇帝说你就是写"黄金榜上"的"柳三变"吧，既然你说不如浅斟低唱，那就浅斟低唱去吧。最后导致柳永永不被录用。当时柳永的低落情绪可想而知，所以作者实际上也是在用这种洒脱和豪迈来替代当时那种失落的心情。这首词非常突出地使用了阿Q精神，虽然我没考上，但我仍是白衣卿相，可见柳永是在用阿Q精神来慰藉自己苦闷的灵魂。

9．时空抽离

公元1082年，苏轼因"乌台诗案"被贬黄州已经两年有余。他有无尽的忧愁藏匿心底，于是通过游山玩水调节压力情绪。他来到黄州城外的赤壁矶。此处壮丽的风光使苏轼顿时产生时空抽离感，他追忆起三国时期的英雄豪杰，想当年周瑜无限风光，而时光荏苒，物是人非。这一"神游"令他从现实的挫折和失意中，转化到襟怀高旷、心识通达的超然境界，为此他写下《念奴娇·赤壁怀古》，这首词是他对历史的咏叹。

大江东去，浪淘尽、千古风流人物。故垒西边，人道是、三国周郎赤壁。乱石穿空，惊涛拍岸，卷起千堆雪。江山如画，一时多少豪杰！遥想公瑾当年，小乔初嫁了，雄姿英发。羽扇纶巾，谈笑间、樯橹灰飞烟灭。故国神游，多情应笑我、早生华发。人生如梦，一樽还酹江月。

苏轼通过这首词设置了一个极为广阔而悠久的空间时间背

景，告诉世人不要因为一时的失意把自己变得焦虑或者抑郁，要设法从当时的受挫情境中抽离出来，把目前的境况放到一个更宏大的时空背景里，这就叫时空抽离法。扩大时间，扩大空间，把自己放到广博的宇宙和悠长的历史中去，你就会发现，不论是个人有坎坷，还是整个人类面临磨难，其实都不算什么，这样一来就可以看到更美好、更有希望的未来。当然，这也是个自我暗示和自我鼓励的过程。

10. 辩证思维

下面这首词是辛弃疾的《卜算子·齿落》。我们来看看作者是如何用辩证法的思维来调试自己心情的。大家可以学学作者的辩证法思维，作者的文笔也很幽默。

刚者不坚牢，柔者难摧挫。不信张开口角看，舌在牙先堕。
已阙两边厢，又豁中间个。说与儿曹莫笑翁，狗窦从君过。

这首词的总体意思是舌头还在，但是牙齿已经掉了。怎么掉的呢？两边先掉，后来中间也掉了，说给那些小孩子，你不要笑话这个老头，你看看小狗都从这个牙缝子里边来回穿梭，能够随便过了。读完这首词，感觉作者既幽默，又有智慧。正是"刚者不坚牢，柔者难摧挫"。这是一种辩证的思维，从辩证的角度调试自己内心的不适。

11. 幽默

再看一首辛弃疾的《西江月·遣兴》，同样幽默和充满智慧。

醉里且贪欢笑，要愁那得工夫。近来始觉古人书，信着全无是处。

昨夜松边醉倒，问松"我醉何如"。只疑松动要来扶，以手推松曰"去"。

这是作者被贬后，一次喝醉后写的词。大意是醉酒状态让我能够去狂欢，哪有更多工夫去哀愁，而且我最近感觉古代的这些书不要全都信，一些书籍甚至很无用。所以昨天晚上，在松树边上，我又喝醉了，我就问松树我醉得怎么样，最后感觉这棵松树想伸手扶我，我连忙用手推开松树。这里作者使用了拟人的手法，也是表达幽默的一种方式。这种幽默体现了作者对愁苦的淡然态度。

12. 认知扩大

最后，我们以陆游的一首词作为赏析的结尾，词的名字叫作《桃源忆故人·一弹指顷浮生过》。

一弹指顷浮生过，堕甑元知当破。去去醉吟高卧，独唱何须和。

残年还我从来我，万里江湖烟舸。脱尽利名缰锁，世界元来大。

词的大意是，一辈子的时间好像一瞬间就过去了，再好的瓷罐掉到地上都会破，不如我去独自喝酒，也不需要别人的附和。我什么都不需要，我需要什么呢？什么时候才能重返我的青春时代呢？当你真正想开了，你会发现这个世界原来这么广大。这首词中，作者使用了认知扩大的方法，把视角投入到更大的领域和范围里了。

小结

在本章的末尾，祝愿各位读者能够在未来的人生里，像这些洒脱而豁达的词人一样，灵活运用各种压力管理方法。你可以选择及时宣泄，恰当替代，不时转移，或巧用自我暗示，给自己以希望，让情感升华，或放松和转移注意力，或聚焦和关注当下，或偶尔阿Q一下，或用幽默大法，或使用拓展认知方法，借用辩证思维，或进行时空抽离，这些都是不错的压力应对策略。

很多人都在抱怨当下社会太"卷"，倾向于直接选择"躺平"。但与其"躺平"，何不尝试换个视角，也许你认知上迈出的一小步会迎来生活、工作顺意的一大步。而通过经常反观自我，可以做一个将肉体的"我"、精神的"我"和感受到的我"这三者很好地结合起来的"大我"。其实，每个人都可以成为压力管理大师，用心点燃一支蜡烛，在照亮自己的时候也照亮身边人。如果每个人都能这样做，不仅自己会发光发亮，这个世界也自然会变得更加光明。

15

催眠減圧

催眠减压

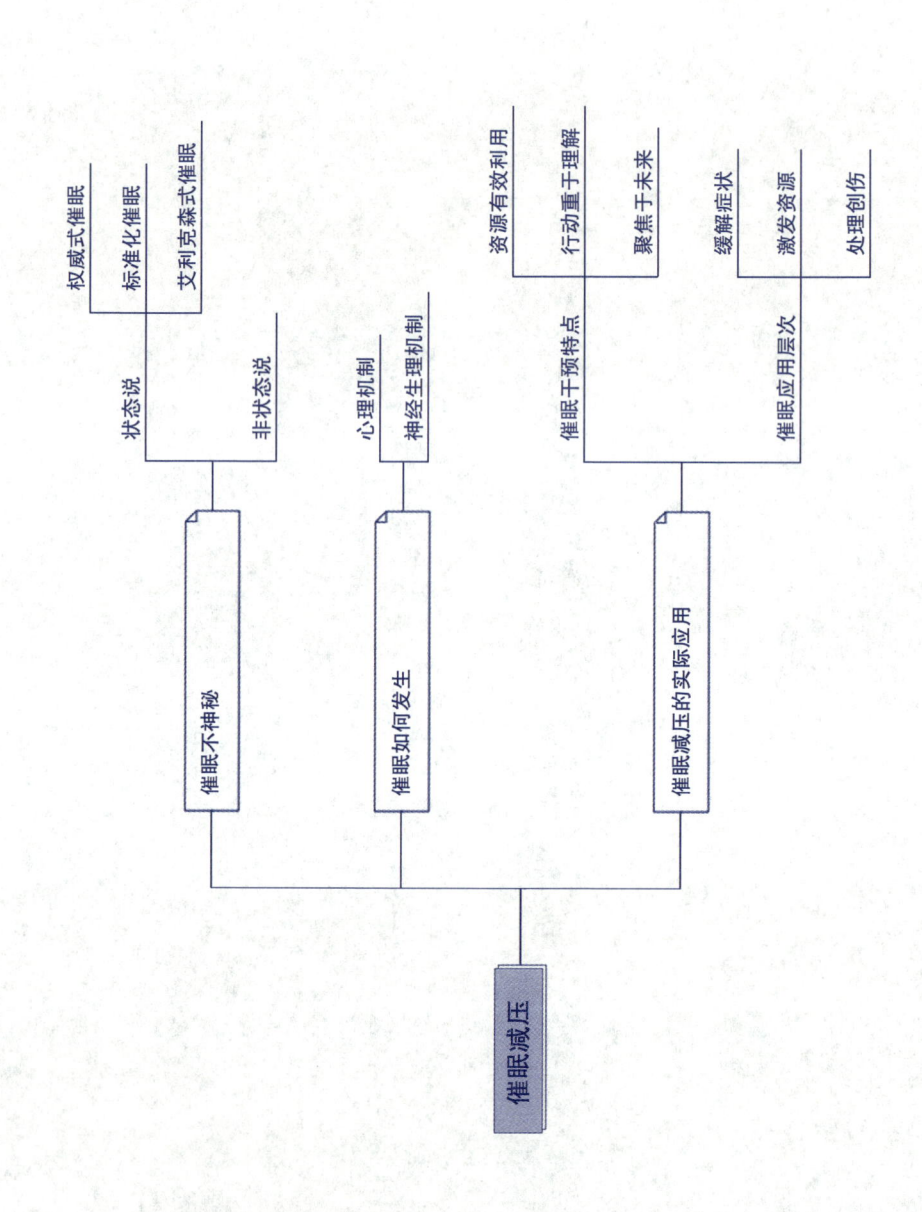

催眠不神秘
- 状态说
  - 权威式催眠
  - 标准化催眠
  - 艾利克森式催眠
- 非状态说

催眠如何发生
- 心理机制
- 神经生理机制

催眠减压的实际应用
- 催眠干预特点
  - 资源有效利用
  - 行动重于理解
  - 聚焦于未来
- 催眠应用层次
  - 缓解症状
  - 激发资源
  - 处理创伤

引言

说到催眠，很多人都会认为它是一种神奇的存在。因为大众对催眠的认知很多都是从娱乐媒体中的舞台催眠表演或者影视、小说作品中了解的。自愿上台体验催眠的志愿者在短短几分钟内完全按照催眠师的指令行动，现场观众无不惊呼和感叹，再加上影视、小说作品中对催眠效果有夸大演绎的成分，使催眠在大家的眼里变得神化甚至魔化。

那么，究竟什么是催眠？临床催眠治疗和催眠减压具有怎样的科学性和专业性？下面我们就从心理学的专业视角给大家呈现催眠并探讨催眠在压力应对中的应用。

案例

A女生，高二下学期突发性右耳耳聋并在学校晕倒两次，起初被诊断为神经性耳聋，用药3个月未见好转，后诊断为功能性耳聋，不得不休学在家，推荐做心理咨询。A女生所在学校是当地重点高中，学习节奏快，压力大；她是家中独女，自小随父母长大，生活被照顾得无微不至；父母都是工薪阶层，关系融洽；妈妈对其管理严格，要求高；爸爸性格内向，不善言辞。

了解到的压力源：对学校学习竞争环境的焦虑、妈妈对其学习要求太高的压力、未来高考离家独自生活的压力。

咨询师的理解：A女生的晕倒和考试焦虑有关；而妈妈高要求下的喋喋不休加大了她的压力，耳聋的症状正是拒绝再听到督促学习的声音的一种隐喻表达。

咨询的第一个阶段，先通过催眠稳定化技术缓解A女生的焦虑，使其放松身体，并对其进行身体治疗，随后通过催眠的身心疾病干预技术对耳聋的症状做处理。第二个阶段，启发A女生和妈妈以新的视角看待学习、考试，以新的沟通方式表达情感。爸爸对女儿学习成绩的接纳态度是家庭的资源，A女生强烈自主的愿望为个人资源，利用休学在家的时间尝试自己掌控自己的生活，为自己挑选衣服、买自己想吃的食物等，在妈妈的全力支持下，体验到自我的力量。第三个阶段，减弱从小接受的"催眠"后暗示的影响，例如："成绩不好只能扫大街""就你这生活能力一个人就活不了"等。同时聚焦于未来，建立对未来的憧憬，使用时间前瞻的催眠技术体验想去旅行的目的地、想交的朋友、想从事的职业等。

2个月后，A女生就恢复到耳聋前的听力状态，复学后进入高三备考阶段，最终考入理想的"一本"学校。

催眠不神秘

目前对于催眠现象有两种界定。一是状态说，即个体独特的一种行为状态（即恍惚状态），且该状态伴随着神经生物标志物或大脑功能的改变。催眠被界定为一种意识转换状态，其特征是被催眠的个体会表现出对暗示反应的能力改变，从而能根据暗示来改变知觉、记忆、动机和自我控制感。[1] 二是非状态说，即一种复杂的人际互动现象。催眠的社会认知理论观点认为，催眠以及出于对暗示的反应而产生的催眠现象，本质是社会性的，是特定社会的人际互动和个体特征结合的产物。[2] 因此，在心理治疗中所使用的催眠式治疗，以及生活中人际关系间的催眠式沟通都会引发催眠现象。

催眠式沟通在生活中可以说无处不在，我们每个人从小到大被贴上各种标签，例如粗心、懒惰、一无是处，或是勤奋、认真、善解人意等，都在生命中的各个时期影响着自我概念、情绪状态以及行为方式的形成。

案例中A女生被不断说"就你这生活能力一个人就活不了"。这造成了A女生潜意识里对离家独立的恐惧。这个被贴上

---

[1] 理查德·格里格，菲利普·津巴多.心理学与生活（第18版）（英文版）[M].北京：人民邮电出版社，2011.
[2] Yapko.临床催眠实用教程（第四版）[M].高隽，译.北京：中国轻工业出版社，2015.

标签的过程就属于人际关系间产生的催眠现象。如果你更多地被来自父母和老师的积极暗示影响着，那么我将恭喜你；但如果你更多地处于消极暗示的裹挟中，你需要清楚的一点是，你并不是自己以为的样子，只是处在被催眠后暗示影响的状态中。只要你愿意，你随时可以开始改变自我意象，触发新的体验和进行更具适应性的行为。

除此以外，在商业广告、文化传播、家庭社会教育等许多领域都有着不同程度的催眠式沟通。因此，我们如果能学习和重视这样的沟通所产生的影响，就有可能成为自己真正想要的样子。

"状态说"下的催眠也有流派之分。第一种流派是权威式催眠。它强调催眠师至高无上的地位。催眠师通过直接、命令的沟通方式对来访者进行催眠。如果来访者无法进入催眠状态，催眠师则会将问题归结为来访者的阻抗。

第二种流派叫标准化催眠。这是由20世纪20年代美国的实验心理学家克拉克·赫尔（Clark Hull）发明的。标准化催眠的定义是：不管催眠师什么样，来访者什么样，催眠师都用统一的指导语来引导来访者进入催眠状态。显然，不是所有人都能被催眠。赫尔还发明了很多测试来访者接受暗示性强弱的问卷。在他看来，不能被催眠就是来访者暗示性差异造成的。

第三种流派是被称为"现代催眠治疗之父"的米尔顿·艾利克森（Milton Erickson）发展出的策略式催眠治疗，被称为艾利克森式催眠，简称艾式催眠。艾式催眠更多地结合了"状态说"和"非状态说"两部分内容。它强调催眠是催眠师和来访者共同做出反应的关系，强调催眠师应去适应来访者特殊的反应模式，可以引发其进入恍惚的意识状态，也可以在来访者意识清醒的状态下进行催眠，并通过灵活的沟通方式，创造转变的机会。就像米尔顿·艾利克森曾说的："我会为我的每一位病人创造一种独特的疗法。"

目前艾式催眠已经成为临床催眠治疗的主流，但因为催眠的灵活性，至今对其都没有一个唯一被公认的定义。虽然美国心理协会心理催眠分会尝试给其正式的定义，但该定义仍然有些晦涩难懂，不能为大众所普遍接受。这里给大家介绍国际催眠学会终身成就奖的获得者雅普克（Yapko）博士在《临床催眠实用教程》中所给出的定义：它是一种注意力高度专注的聚焦体验，邀请人们在体验的多个层面做出反应，从而有目的地去放大和利用人们的个人资源。当催眠被应用于临床情境时，催眠师需要更多地去关照催眠中至关重要的一种技能，即以一种特定的方式去使用词语和姿势，从而达到特定的治疗效果；同时，催眠师也需要认可和利用许多复杂的人际关系和背景因素，并以不同的方式加以组合从而影响来访者的反应性。[1]

1　Yapko，2015.

催眠如何发生

随着催眠的深入人心和广泛应用,越来越多的研究者开展了对其心理和神经生理机制的研究,为催眠的科学性提供了越来越多的研究证明。

(一)心理机制

根据欧内斯特·希尔加德(Ernest Hilgard)的新派解离模型,人类具有多重认知系统,所有这些系统在一个执行系统的统一控制之下。在催眠状态下,不同认知系统可以自动运作,彼此之间可以在相当大的程度上保持分离。在催眠中,执行系统的功能一般被认为在催眠师和来访者之间加以分配。来访者会保留其在正常状态下所具有的相当大的一部分功能——这也就能解释为什么在催眠中来访者可以回答催眠师的提问,能接受或者拒绝参与特定活动的邀请。而与此同时,来访者也将一部分执行功能暂时交给了催眠师——这部分显然可以解释来访者为什么能够按照催眠师的暗示去想象、体验和执行一些活动。[1]

催眠的社会认知视角(socio cognitive perspective,SCP)

---

1 Hilgard, E. Dissociation and theories of hypnosis. [M]// E. Fromm & M. R. Nash, (Eds), Contemporary hypnosis research. New York: Guilford, 1992: 69-101.

认为催眠是社会行为的产物。它着力强调催眠反应背后的社会性因素，同时也着力关注个体的认知构成，包括个体的期望、信念、态度、归因风格和其他能够影响其社会反应性的认知过程。[1]SCP理论家认为催眠现象是一种人际关系情境的结果，只是这种情境被参与者贴上了"催眠"的标签。在他们看来，只有当某个人愿意扮演"被催眠的人"这样一个由社会情境所赋予的角色时，催眠才会发生。[2]

催眠的现实检验观点认为，人总是在不断地检验现实以保持个体的完整性，并减少因为不确定自己在世界上的位置而产生的焦虑。这个检验过程是一般意义水平上的，是随时随地发生的。而在催眠状态下，个体可以暂时中止客观的现实检验过程以获得自由，从而接受催眠师的暗示。但是暂时中止或降低现实检验过程并不会让个体完全失去现实的知觉。实际情况是，被催眠者能够保留监控情境的能力，并能在必要的时候对情境现实和线索做出反应。这部分人可以称为"隐藏的观察者"。[3]

---

1 Lynn, S., & Sherman, S. The clinical importance of sociocognitive models of hypnosis: Response set theory and Milton Erickson's strategic interventions[J]. American Journal of Clinical Hypnosis, 2000, 42(3-4): 294-315.
2 Lynn, S., & Green, J. The sociocognitive and dissociation theories of hypnosis: Toward a rapprochement[J]. International Journal of Clinical and Experimental Hypnosis, 2011, 59(3): 277-293.
3 Hilgard. Divided consciousness: Multiple controls in human thought and action[M]. New York: John Wiley, 1977.

（二）神经生理机制

得益于认知神经科学的发展，催眠研究迎来了新的技术革新。这些技术包括脑电图（EEG）频率分析，正电子发射断层扫描（PET），大脑局部血流量（rCBF），单光子发射计算机断层成像（SPECT），脑磁图描记术（MEG），磁源成像技术（MSI），弥散张量成像技术（DTI）以及功能性磁共振成像技术（fMRI）。[1] 每一种技术都有其独特的测量大脑功能的方法，因此也产生了大量彼此不同但相互关联渗透的结果。这些发现通常都支持这样一些理论家的观点，即认为我们最好把催眠理解为一种神经或者心理生物学现象。[2,3,4,5]

---

1. Oakley, D., & Halligan, P. Psychophysiological foundations of hypnosis and suggestion[M]// S. Lynn, J. Rhue, & I. Kirsch (Eds.), Handbook of clinical hypnosis. Washington, DC: American Psychological Association. 2010. 2d. ed.: 79-117.
2. Raz, A. Attention and hypnosis: Neural substrates and genetic associations of two converging processes[J]. International Journal of Clinical and Experimental Hypnosis, 2005, 53(3): 233-256.
3. Raz, A., Lamar, M., Buhle, J., Kane, M., et al. Selective biasing of a specific bistable-figure percept involves fMRI signal changes in frontostriatal circuits: A step toward unlocking the neural correlates of topdown control and sel-regulation[J]. American Journal of Clinical Hypnosis, 2007, 50(2): 137-156.
4. Rossi, E. L. In search of a deep psychobiology of hypnosis: Visionary hypotheses for a new millennium[J]. American Journal of Clinical Hypnosis, 2000, 42(3-4): 178-207.
5. Spiegel, D. Intelligent design or designed intelligence? Hypnotizability as neu- robiological adaptation[M]// M. Nash & A. Barnier (Eds), The Oxford Handbook of Hypnosis: Theory, Research and Practice. Oxford, England: Oxford University Press, 2008: 179-199.

心理学家欧内斯特·罗西（Ernest Rossi）提出人的身体会有规律地出现注意力集中和放松的循环。这个循环被称为"次昼夜循环"，每90~120分钟出现一次，而催眠乃是这个循环中自然出现的组成部分。[1]

精神病学家赫伯特·斯皮格尔伯格（Herbert Spiegelberg）和大卫·斯皮格尔（David Spiegel）假设，催眠能力是大脑半球之间相互关系的产物。[2]他们一起创立了一种被称为"生物标记"的测评工具，相信这种旋转眼球的测验能够可靠地衡量一个人的个体催眠能力。[3]最近，大卫·斯皮格尔更多地认为催眠是一种强烈的注意力集中现象，会受到神经能力和功能的调节。[4]

催眠减压的实际应用

目前，催眠减压的研究和应用如雨后春笋般涌现。艾式临床催眠治疗强调专注多样地跟随来访者，并敏锐灵活地利用资源。

---

[1] Rossi, E. L. Hypnosis and ultradian cycles: A new state(s) theory of hypnosis?[J]. American Journal of Clinical Hypnosis, 1982, 7: 21-32.
[2] Spiegel H., Spiegel D. *Trance and treatment: Clinical uses of hypnosis*[M]. Washington, DC: American Psychiatric Association, 2004.
[3] Spiegel, H. & Greenleaf, M. Commentary: defining hypnosis[J]. American Journal of Clinical Hypnosis, 2005-2006, 48 (2-3): 111-116,
[4] Spiegel, D., 2008.

因此在临床催眠治疗工作中，催眠师需要对每一位来访者进行仔细的访谈、深刻的理解、准确的评估之后，采用针对性的催眠技术和方法进行干预，引发来访者产生新的体验和行为改变。

催眠干预包括资源的有效利用、行动重于理解、聚焦于未来等特点。它强调随时敏锐地发现来访者的资源，而资源不仅仅指的是来访者的优势和特长，还包括他们的症状现象、表达风格、经历经验、信念系统、问题模式等，这些都可以作为资源加以利用，对来访者进行有效的治疗。

与其他心理咨询不同的是，催眠治疗很多情况下并不一定是对自己的问题有了深刻的理解之后，才会获得新的体验，产生新的行为。很多体验是在潜意识层面进行的，在意识层面理解之前就已经创造出了适应性的改变。同时，催眠治疗虽然也同样需要了解来访者过去的经历，帮助理解和评估来访者面临的困难，但聚焦的工作方向主要是着眼当下，面向未来。如何更快地帮助来访者走向未来想要的生活道路，是每个催眠师不断思考和激发来访者努力的方向。

催眠可以从关注身体感受开始，使来访者先和自己的身体建立和谐的联结，让身体先从警觉、木僵或者解离的状态中得到调整和修复，进而上升到大脑层面的工作。这种自下而上（从身体到大脑）的工作方式经常应用在应激创伤、过度焦虑、躯体化症状显著等问题方面，因为当一个人的身体处在极度紧张或者痛苦中时，思维领悟的能力是受限的。

要想将催眠应用在压力管理的过程中，首先要了解压力源，哪些是显性刺激事件、哪些是隐性刺激事件，更多的情况是，两者兼而有之。就如案例中 A 女生的压力源，显性刺激事件是学校竞争压力和妈妈高要求的压力，但除此以外还有"催眠"后暗示其未来离家独自生活的压力。

其次是评估来访者的心理状态。不同的流派有不同的理解视角，我们称为个案概念化的理解。催眠治疗也有自己概念化的个案评估方法，这是尤为重要的。因为如果对个体没有相对清晰和深刻的理解，就会造成头痛医头、脚痛医脚，导致症状反复出现。

最后进行干预治疗。在这个过程中，一次治疗不可能解决所有问题，需要采用"小步走"的原则（虽然催眠治疗也会出现一两次就解决了来访者的问题的情况，但大多数的治疗的次数和频率都会根据问题的复杂性而定，咨询目标的长远性也有所不同）。在每次治疗中以资源性状态收尾，有益于来访者在下一次见到催眠师之前，更好地应对现实生活，激发来访者自己潜意识的智慧，使其获得解决问题的掌控感。

具体来讲，催眠在压力应对中的应用可以分为三个层次。第一个层次——缓解症状，仅仅使用稳定化技术帮助来访者缓解压力带来的不适感。这是最浅表、最基本的做法。为压力所困的人往往陷入压力事件中不可自拔，因此通过催眠师的暗示，引导来访者放松，并将注意力高度聚焦在一些积极的体验上，就可以在一定程度上起到缓解压力的作用。

第二个层次——激发资源，催眠师帮助来访者找到新的视角，从新的视角发现以往不能看到的资源和力量。这个过程称为"重构"：教给来访者能够应对当前压力并预防未来压力的核心技能；如有可能的话，提供直接的体验来拓展和增进来访者对自己、对自己的资源和整体人生的看法。这样的体验对来访者来说是更深层次的，也是更有效的。

第三个层次——处理创伤，有些来访者有着非常严重的创伤经历，我们需要引导来访者带着自己的资源和力量重新面对创伤，通过新的体验形成新的经验，给予来访者力量，帮助来访者朝着更有意义、更加满意的生存状态前进。并不是所有的来访者都有严重的创伤需要干预，如案例中 A 女生的成长过程中并没有严重的创伤影响，所以咨询工作主要在前两个层面开展。

著名的催眠专家杰·黑利（Jay Haley）曾这样描述：只有你催眠了你自己，我才能催眠你；只有你帮助了你自己，我才能帮助你。所有的催眠实际上也是来访者自我催眠的过程，因此在很多情况下，催眠师也会教授来访者自我催眠的方法，因为没有谁比你自己更能多陪伴自己，没有谁比你自己更能爱护自己。只要你愿意，你就可以开始……

在日常生活中，我们除了可以走进诊室进行一对一的催眠治疗，还可以进行一些简单易行的朋辈催眠和自我催眠练习。附录中给出了与压力管理主题相关的一系列催眠指导语，供个人练习使用。具体内容参考附录。

小结

值得欣慰的是，随着催眠的去魅化，在大众眼里催眠已不再仅是充满神秘色彩、不可触及的心理控制术。越来越多的人开始了解催眠的真正含义，并且越来越多的临床心理工作者开始系统学习催眠方法，将其作为帮助来访者发展并丰富个人资源的手段。

作为一种既可以在诊室中应用，又可以自我操作的方法，催眠在压力应对上也帮助很多人发展出了更强的自我效能感和独立性，让他们与压力说再见。巧用催眠，我们都可以获得更高的自控感，开发更多的心理潜能，让自己更加从容自信。

附录：催眠引导语

附录15-1　放松助眠，修复体能

……调整好你身体的姿势，去感觉双脚踏实地踩在地板上，被地板稳定地支撑着……而双手也被双腿支撑着，非常稳定和踏实……同时，你也能感觉到你的身体被椅子有力地支撑着，非常牢固，非常安全……对，就是这样……开始去感受你身体的各个部分，越来越放松，越来越舒服……对，随着你的呼吸，深深地吸气……感觉新鲜的空气通过鼻腔，经过气管，进入肺泡的过程……慢慢地呼气……将温热的废气缓缓地排出体外……同时，你的肩膀也随着一吸一呼微微地一上一下起伏着……非常好，就是这样，去感受你的肩膀，感受它慢慢放松，越来越轻松，越来越舒服……而舒服的感觉沿着你的脖子，到达你的头部……头皮越来越放松，越来越舒服，从头皮到额头，也越来越舒服，越来越轻松……眉毛向两边舒展、下沉，眉头越来越舒展……从眉毛到鼻子、眼睛，越来越舒服……面颊、嘴、下巴，也越来越舒服，越来越轻松……面颊乃至整个的头部都越来越轻松和舒适……嗯，你做得非常好……静静地去体会它们，去体会这种放松和舒服的感觉……从你整个的面部到头部，渐渐地延伸到你的整个脖子……这种轻松舒服的感觉，顺着你的颈椎，沿着脊椎，慢慢地向下移动……到达你整个背部，背部越来越轻松，越来越舒服……腰部也能够感觉到，这种舒服和轻松的感觉……现在你可以感觉到整个背部到腰部，都非常舒适，非常轻松……而顺着你的双肩……从大臂，到小臂，这种舒服的感觉也慢慢地，沿着你的双臂，到手腕、手掌、手指，渐渐地蔓延……你可以感觉到手臂轻松了，手腕轻松了，手掌和手指也非常轻松和舒适……这种舒适的感觉，从你的双肩、双臂，再到你的胸部，腹部……越来越强烈地体会到这种舒适和轻松的感觉……对，去体会这份轻松和舒适……再到你的胯部，胯部也放松了，非常舒服，非常轻松……沿着你的胯部，这种舒服的感觉，慢慢地蔓延到你的双腿，双腿也越来越舒服，越来越舒适……这种舒服轻松的感觉到达你的膝盖，膝盖也放松了，非常轻松，非常舒服……去感受你的膝盖轻松舒服的感觉……嗯，就是这样……去感受它们，这种舒适，慢慢地，蔓延到你的小腿，小腿也放松了，非常轻松，非常舒服……到脚踝、脚掌，再到脚趾……嗯，双脚，也越来越舒服，越来越轻松……非常好……现在，你可以感觉到，双腿到达双脚的这种舒服和轻松……同时，你身体的各个部位，也越来越轻松，越来越舒服……嗯，好极了……现在，你越来越能够体会到，自己的身体，跟随着你的呼吸，越来越放松，越来越舒服的感觉……当你的身体，越来越轻松，越来越舒适的时候……我邀请你去想象一个非常舒适，非常安全……或许，也是非常美丽和惬意的地方…… 去想象这样的地方，这样的一个场景……也许它是你曾经去过的，也许是你曾经在脑海中浮现过的……也许是你曾经在图片上，或是视频上，看见过的……总之，你现在可以允许自己去到这样一个地方……这是只属于你的地方，没有人可以打扰你……这个地方，只有你，你是这里的主宰，这里的主人，你可以按照你自己的喜好和需要，安排和布置这里的一切……将它打造成你自己想要的样子，跟随你的心意……没有任何人、任何事，可以打扰到你……这是只属于你的地方……嗯，去打造这里的一切，在这里，你非常安全……没有任何人、任何事，能够轻易地干扰到你，影响到你……而在这里，你能够感觉到，非常舒适，非常安全……现在，你可以仔细地去看一看在你的周围……你可以看到什么……看看它们的样子，看看各个物品的颜色、款式、图案、花纹、材质……仔细地去看一看……看一看你的周围，都有什么……看一看近处，看一看远处……看一看更远处还有什么……那些看得清、看不清的，都还有什么……对，仔细地去观察，观察你周围的一切……看一看，你的头顶……再看一看，你的脚下……看一看前面，看一看后面……看一看左边，再看一看右边……仔细地去观察，在你的周围都有什么……嗯，你看得非常仔细……这一切，都是你想要的，都让你感到满意……而如果你感到不满意，你可以随时随意去更换它们，直到让你自己满意……这里的一切，都让你感觉到非常满意，就是你想要的样子……嗯，对……非常好……现在，我再邀请你，去仔细地听一听在你的周围，存在着什么样的声音……仔细地去听一听……听一听近处的……又或者从远处传来的……也许，是持续的，也许，是时断时续的……也许，是清晰的，也许，是飘忽的……那些存在于你周围，你聆听到的声音……仔细地去听这些声音，去分辨它们……听一听，也许那些更细微的……传到你耳朵的声音……仔细地去聆听，非常好……听一听这些声音……而同时，你可以细细地去闻一闻……你可以闻到什么样的味道……嗯，那些也许是，在你周围，浓浓的味道……又或者是从远处飘来，那些淡淡的味道……仔细地去鉴别，这都是什么东西散发出来的味道……这些味道或浓或淡……或一直持续，或时有时无……仔细地，去闻一闻这些味道……所有的这些味道，所有的这些声音……都让你感觉到非常舒服，非常安心，非常惬意……嗯，非常好……而同时，你可以去感觉，自己身体的感觉……也许，是你身体不同部位的感觉……你的手臂，你的面颊，或者是你皮肤的感觉……也许，能够感觉到皮肤的温度……也许能够感觉到风，吹过皮肤的感觉……也许，是阳光晒到皮肤的感觉……也许，是你的衣服与皮肤接触的感觉……去感受它们，去感受你的皮肤，你的身体……你的肌肉、你的骨骼、你的血管、你的神经……去感受你身体，越来越放松，越来越舒服的感觉……现在，你觉得非常安全，非常舒适……带着这份平静和安宁……去体会，在这里，属于你的，安全之地，这种轻松自在、安全踏实的感觉……对，这是属于你的地方……你可以找一个最为舒服的姿势……或者站着，或者坐着，或者靠着，或者躺着，找一个舒服的位置，以舒服的姿势，让你的身体在这一刻完全地放松下来……去感受，这份安宁和平静，去体会，这份安全和舒适……嗯，对……非常好……在这里，你可以让你的整个身体得到最好的放松……而你身体的每一个部位，在这里能够得到最好的修复……只要你愿意，你可以感觉到，你身体的每一个部位……如果你需要，你可以去照顾到，那个你最需要照顾到的部位……或者是肌肉，或者是关节……嗯，仔细地去关照，关照你身体的这个部位……它在这里得到修复的感觉……在这里，你的身体发挥着，它最大的自动修复的功能……它经过这样的休整，得到最好的放松，最佳的康复……在充分的休息和休整之后……它会越发健康，越来越充满活力……嗯，去感觉它，越来越被修复，越来越恢复健康的感觉……去感觉它，肌肉的舒展，神经的舒展，骨骼的舒展，血管的舒展……去感受你的身体越来越健康，越来越充满活力……在这里，它能够得到充分的休息和休整……当你离开这里的时候，你会发现，你的身体，非常轻松，非常健康……也会发现……不只是你的身体，你的整个头脑，也更加清醒……你的身心，都得到了恢复和疗愈……这是一个神奇的、安全的地点……在这里,你感觉到非常舒服和轻松,而同时,也让你的身体能够得到最大的治愈……你的身心,都能够得到最佳的疗愈……嗯,非常好,就是这样……现在,在接下来两分钟的时间里,你可以用你自己的方式,充分地体会你的身心在此疗愈的感觉……而两分钟后,当我的声音,再次响起……你就能够带着充满活力的、头脑清醒的状态,离开这里了……(两分钟静默)嗯,非常好……好……非常好……从此刻开始,当你需要这样的感觉,需要这样休整的时候……你随时都可以让自己回到这里,这个属于你的地方……能够感觉到,这种安全、舒服和治愈的过程……现在,你可以做一个深呼吸……嗯,跟随自己的节奏……在你已经准备好的时候,慢慢地,睁开你的眼睛。

附录 15-2 激发心理潜能,提升自尊自信

调整好你的姿势……现在,将你的注意力集中到你的呼吸上面。你可以做几个深呼吸,深深地吸气……对,就是这样,深深地吸气……再慢慢地吐气,非常好。你也可以将你的手放在腹部去感受这种腹式的呼吸,如果你非常熟悉,你可以用你熟悉的方式,进行深度的腹式呼吸。深深地吸气,对,你可以感觉到,你的腹腔里充满了空气,再慢慢地吐气,非常好……再来一次,深深地吸气……对,就是这样,再慢慢地吐气……非常好……在三个深呼吸之后,可以自由地呼吸,按照自己的节奏,

自在地、舒适地呼吸，集中注意力在呼吸上面，非常好……当你的呼吸越来越平稳，越来越自在的时候，你可以开始扫描你的身体，去感受你身体中每个部位的感觉，去寻找一个最为舒服的部位……去找一找，相对于其他的部位，这个部位，让你感觉到最为舒服和舒适……去体验它，去感觉它……嗯……一点一点地对比和感觉，直到找到对全身来说，那个最为舒适的位置……嗯，非常好……如果你找到了，你也可以动动你的手指，让我看到。嗯，非常好……现在，仔细地感受这个部位，去感受这种舒服的感觉，去体会它，那是怎样的感觉，舒服的，放松的，舒适的……嗯……那种感觉。慢慢地，那种舒服的感觉，从这个部位开始，向身体的其他部位，慢慢地蔓延。去感觉它蔓延的过程……向它周围的部位渐渐地传递，也许就像是电流传递的感觉，也许就像是我们曾经体会到的，热度传递的感觉，也许是其他传递的方式……你可以感觉到它在用它自己的方式，将这种舒服的、轻松的、舒适的感觉，慢慢地向身体其他的部位，越来越强烈地蔓延着。对……仔细地去体会，这种蔓延的过程，去体会你身体的感觉，在这种传递和蔓延的过程中，那种舒服的、轻松的感觉……嗯，对，非常好……

嗯……在你的身体，越来越舒服、越来越轻松的时候，你离自己的潜意识也越来越近，而你内心的声音，也离你越来越近……就好像当你越来越沉浸的时候，你潜意识的觉察也越来越清晰。嗯……现在，我邀请你，邀请你去想象在你的面前，有一面镜子，这面镜子非常大，非常清晰，这面镜子，不是一面普通的镜子，它是一面带有神奇魔力的镜子……当你站到这面镜子前的时候，你仔细地观察这面镜子，去看看这面镜子里，出现的是什么……仔细地去看一看，耐心去地等待，看看这面镜子所呈现出来的，究竟是什么。仔细地去看一看……去看一看，镜子里出现的是什么，仔细地去看一看它，对……非常好……无论你看到的是什么，我现在都邀请你，邀请你去问一问自己，为什么在这面镜子前，你会看到这样的一个场景，或者，是这样的一个形象，为什么它照映出来的，不是别的样子，而是此时此刻的，这个样子。仔细地去观察，镜子里面的，这些细节……仔细地去观察，观察每一处，这面镜子或者是镜子里的情境想要告诉你什么……

在你去询问自己的时候，也许你能清晰地说出答案，也许你并不知道答案是什么……但是没有关系，无论怎样，现在，你都可以打开自己所有的记忆，仔细地去回想……回想截至此时，你的人生，所经历的那些过往……在那些过往当中，你可以去寻找到一个让你觉得最有力量的时刻……也许是一个，也许是两个，或是更多个……但无论怎样，你都会想起，那个让你记忆最为深刻，让你感觉到内心充满力量，让你觉得自己充满自信的那个时刻……在你曾经的体验当中，在你的记忆当中，你都可以回忆起那个时刻……慢慢地……那个记忆越来越清晰，越来越生动，就好像，你回到了那个时刻一样。你能够回忆起，在你的周围是怎样的情境，在你的周围，也许有什么样的人，在你的周围，也许有什么样的物品……你可以回忆起，这个事件发生的经过，你可以回忆起，在这个事件发生的过程当中，你的感受、你的体验……你可以感觉到，这个事情所带给你的，那种充满力量的感觉……它让你体验到，自己对自己的肯定，体验到获得价值的感觉。

嗯……去体会这样的时刻，去体会在这个时刻，你所体验到的一切……嗯，非常好。你可以体验到它，如果你愿意的话，将它描述出来，说给我听，就用这样的一个方式，说给我听，非常好……去体验，这种带给你力量的感觉。当你能够体验到这种感觉的时候，你也可以将你右手或是左手握成拳头，让我看到……嗯，这种充满力量和自信的感觉。你通过握紧你的拳头，去感受这份力量和自信，在你的体内聚集的感觉，它就像是某种可以增长的能量，它在你的体内不断地聚集，不断地成长、凝聚和扩大，去感觉它在你的体内凝聚的过程，去感觉这种力量，去感觉这种……内心的声音。

去体会这样的一种体验。当你感觉到这种体验在你的体内，不断地聚集，不断地汇聚，直到它越来越充盈的时候……现在，你就可以将你的注意力集中到你面前的这面镜子上……去看一看，这面镜子当中，发生了什么样的变化……去看看它，去看看它现在所照映出的，会是什么，与刚才有什么不同，它在慢慢地发生着怎样的转变，去感觉，这种转变……嗯，你做得非常好……仔细地观察，去体验，在内心的力量越来越强烈的时候，镜子里景象的变化……如果你愿意，你也可以去感受镜子里的场景，在向你传递着怎样的信息……而你……又以什么样的方式，可以跟它进行沟通……用你的方式，让镜子里的场景发生变化，直到它的变化，让你觉得满意为止。你可以按照你自己想要的和需要的方式，去改变镜子里的画面，直到让你非常满意……而与此同时，你似乎也能够体会到……自己，也在发生着某种变化……嗯……对……非常好，去感觉……感觉这种变化，去感觉……感觉这种能量和力量，它在你身体的位置。如果你愿意，你可以将它存储在你身体的某一个部位……也许是肩膀，也许是背部，也许是你的手心。将这种能量，存储在你身体的某一个你想要的位置，去感受……它存在在这个位置的感觉。嗯……非常好，去体会它……

现在，我想到了一个故事，一只狮子的故事……在很久很久以前，在一片森林里，这片森林很特别，它常年刮着大风，而在这片森林里有一只小狮子，它对这个世界充满了好奇，它尝试和探索着，它所能够感知的大自然所有的一切。它会去追逐飞舞的蝴蝶，会去观察埋藏在石缝下，那些爬动的小昆虫；它会去钻到树洞里，或者是钻到岩石缝中，去感知那些它没有探索过的地方……它浑身上下充满了勇气，充满了活力和能量，它不断地探索着世界，探索着未知。就这样……这只小狮子一天一天地长大了，在它成年之后，它对自己的世界越来越熟悉，学会了如何捕猎，如何生存……学会了很多技能。它越来越熟悉自己的生活，越来越知道自己每天应该做什么，因此，它不再好奇，不再想着如何探索，日复一日。突然有一天，它看到了一只麋鹿，它非常兴奋，它用它熟悉的方式，去接近这只麋鹿。在它就要捕到这只麋鹿的时候，这只麋鹿却率先发现了它……麋鹿快速地奔跑起来，而这只狮子很快地追了上去。它太想要捉到这只麋鹿了，它太想把它带回去美餐一顿。它就追呀……追呀……森林里依旧刮着大风，森林里……始终刮着大风……它跟着这只麋鹿，无论多大的风，它都非常适应地奔跑着，追逐着。可是这只麋鹿跑得太快了，越跑越快，而在这样的追逐当中，森林越来越远……越来越远……这个时候，它渐渐地犹豫起来，因为它离开了它熟悉的森林，它有一些担心，它不知道它是不是还应该继续去追逐。但是想要去追逐这只麋鹿的渴望吸引着它，因此它一直坚定地奔跑，就这样……它远远地离开了它所熟悉的森林，来到了另外一片它并不熟悉的森林。在进入这片森林的时候，这只麋鹿突然不知去向了。丢失了猎物让这只狮子沮丧极了，而这个时候，它也意识到自己非常口渴，它已经奔跑了太长的时间，太需要去补充水分了。但这是一片陌生的森林，需要去寻找水源……而这片森林里，却没有任何风，非常静，那是一种不同的感觉。它走着走着，终于在它面前，出现了湖水，它高兴极了，快速地接近湖面，而在它走到岸边的时候，它发现面前突然出现了另一只狮子。它害怕极了，突然意识到，这是对面这只狮子的领地，因此它快速地转身，躲在了灌木丛的后面。它想着等这只狮子喝完了水，离开的时候，它再去喝。就这样……等啊等啊，它觉得那只狮子应该已经离开了湖面，它从灌木丛后出来，去接近湖水。但它发现，湖水当中，这只狮子竟然还在，于是，它快速地退回，再次躲在了灌木丛中。它懊恼地想，这只狮子什么时候才会离开呢？就这样……它继续等待着。时间一分一秒地过去了……当它再一次从灌木丛中出来的时候，靠近湖面，发现那只狮子居然还在，而这个时候，它已经口渴极了，它失去了耐心，因此，它张开了大嘴，对这只狮子大吼了一声，但是它发现，对面的这只狮子同样地也对它张开了大嘴；而当它挥舞起利爪，对面的这只狮子，也同样地挥舞起自己的爪子。它太害怕了，又一次地躲进了灌木丛中，现在的它，已经筋疲力尽了。看着天色越来越暗，它的内心也越来越绝望，它在想，也许它永远也回不去它所熟悉的森林了，回不了它的家了……在这个危急的时刻，它用尽最后的力气，慢慢地爬向了这片湖水。它在想，也许这个时候，那只狮子走了，因为天色已经非常暗，它再喝不到水，就会失去回家的希望。当它努力地去接近这片湖水的时候,它发现那只狮子竟然还在,它绝望极了。绝望之中,它鼓起勇气,将自己的头猛然地扎进了湖水当中,大口大口地贪婪地喝着甘甜的湖水,而奇妙的是,它发现那只狮子不见了……

嗯……好……现在,我邀请你,邀请你再做几次深呼吸……对,深深地吸气,再慢慢地吐气……嗯,接下来,这一分钟的时间里,你可以任由你的思绪,任由你内心的声音,任由你的潜意识,随意地想……随意地听……随意地去感受。好……非常好……现在,我邀请你,邀请你再一次去寻找,储存在你身体里的那份能量、那份感觉,去体会它在你身体的哪个部位,能否带给你力量和能量。而从现在开始……当你再次需要这份能量和力量的时候,它都会在这里,随时都能带给你这样的体验,让你体会到力量和自信的感觉……对,去体会这种感觉,在你需要的时候,它随时都可以伴随着你,让你体验到它的存在。

现在……当你感觉到,你已经能够体验到它的时候,你就可以慢慢地……调整你的呼吸,在你准备好的时候,睁开你的眼睛。

附录 15-3　　克服挫折,增强适应性

调整好你身体的姿势……对,让它处在一个放松和舒适的

位置……慢慢地，闭上你的眼睛，你会发现当你闭上眼睛的时候，就好像与此同时，你心灵的眼睛，慢慢睁开了……就像此时此刻，在这个环境当中，你闭上了眼睛……而你心灵的眼睛，依然能够看到你的周围有哪些物品……你可以说出四种你看到的那些物品，即便是你闭着眼睛……当你看到这四种物品的时候，你就可以让自己的注意力聚焦到你的听觉上，仔细地去听一听，在你的周围，你可以听到的，四种不同的声音……仔细地听，嗯……当你分辨出四种不同的声音的时候，你可以开始去体会，体会四种不同的感觉，仔细地感觉自己的身体，或者是身体的表面，或者是身体的内部，那四种不同的感觉。

当你体会到四种不同的感觉之后，可以将你的注意力再次回到……回到你的心灵之眼，仔细地去看一看，去发现三种不同于之前看到的物品，它们的颜色，它们的样子……当你看到三种新的物品的时候，你可以再仔细地去听，去听一听另外三种不同的声音……仔细地去聆听，聆听那些更加细微的不同的声音。当你再次分辨出这三种不同的声音的时候，你就可以仔细地去开始感觉，去感觉三种不同于之前的感觉，也许是身体不同部位的感觉……手部的、头部的，或者是你内部情绪的体验。

当你找出三种不同的感觉之后，你可以继续去看一看，去发现两种不同于之前所看到的另外的物品……仔细地去搜索，搜索存在于你周围，不同于之前的那几种的物品。当你看到之后，你就可以开始去仔细地聆听另外物品不同的声音……不同于之前你所听到的任何一种声音……也许是外部传来的声音，也许是你身体内部所发出的声音。当我们把所有的注意力集中在我们听力上的时候，我们的听力也就越发敏锐……对，仔细地去听，去分辨……当你听到这两种声音的时候，你可以再去感觉，去感觉另外不同于之前的感觉，仔细地去感觉它们与之前的感觉不同的地方……嗯，是的，就是这样，现在，你可以再仔细地去搜索，搜索一种不同于之前的任何一种物品，去寻找并看到那种物品……当你看到的时候，你就可以开始仔细地去聆听，聆听那一种不同于之前任何一种声音，仔细地去寻找和聆听……它也许是似有似无、隐隐约约的声音，也许是时断时续、忽低忽高的声音……当你似乎听到这种声音的时候，你可以开始去感觉，感觉那样一种不同于之前所有的感觉，别样的一种感觉，仔细地去寻找它和体会它……你会发现，将你的注意力集中在你的感觉上的时候，你慢慢地，越来越让你处在与自己的潜意识越来越近的位置，可以越来越深地感觉自己，也可以越来越能够去觉察自己的体验，聚焦在自己内在的感觉之上……现在我邀请你，邀请你仔细地去看一看，在你的面前……在你的面前出现了一个箱子，这个箱子也许非常陈旧，也许落满了灰尘，也许依然是整洁的……总之，这个箱子你之前从来没有见过，仔细地去看一看这个箱子的颜色、大小、款式，还有它的材质，甚至是它表面的粗糙和光滑度……

仔细地去观察这个箱子的表面，仔细地看一看，你会发现……在这个箱子上有一把特制的锁，而巧的是，你有一把能够打开它的钥匙，而这把钥匙只有你自己有，你把这个箱子打开，打开之后你会发现，在这个箱子里面放了一些老照片……有些照片也许年代久远，有些照片也许是近期新照，但这是一些属于你的那些记忆的照片。你仔细地将这些照片拿起来，仔细地看一看，将它们分类……你也许会发现这些照片，有些是你曾经见过的，而还有些是你从未见过的。就好像是在你成长过程中的那些瞬间，不知道是一个什么机会，一个什么场合，一个什么样的人，将那些你所经历的情景，用相机拍了下来，似乎很多时候你都不知道这样的瞬间被拍成了照片……那些高兴的、痛苦的，那些有收获的、受挫折的，那些不同的记忆瞬间……而你现在开始整理这些照片，你把所有的照片都拿出来，你一张一张地开始整理它们，你拿出一张……如果你看到、感到这张照片，只有痛苦、伤害或者虚弱无力，让你此时不想面对，那你就将这张照片放进这个箱子里……而如果你看到、感到这张照片，能够带来也许是幸福、愉悦，也许是自信满足，也许是经验与成长……又或者是那些受到挫折的瞬间，用潜意识的智慧去觉察，发现能够带给你积极意义的照片，你可以把它放到箱子的外边……你不断地做着这样的分类，将那些带给你消极意义的照片放进箱子里，而将那些带给你积极感受的照片放到箱子的外面，你用你的节奏和方式整理着这些照片，一张一张地放进箱子里，或者放在外面……你可以有点耐心，你也可以将你的记忆闸门就此打开……去体验你过往的那些一点一滴的经历和体验……嗯，对，去分辨它们，整理它们……

当你觉得你已经把所有的照片整理完毕的时候，你就可以慢慢地点一点你的头，让我知道……嗯，那些放进去的照片和在箱子外面的照片，对，全部整理完毕……非常好……现在你可以慢慢地扣上箱子的盖子，然后将那把特别的锁，锁在箱子上……而这把钥匙只有你有，在你需要的时候，或者在你准备好的时候，再去打开它。而现在你可以将这个箱子放到一个不会对现在的你有任何影响的地方，也许是埋藏在一棵大树下，也许是沉于湖水之中，也许是放在只有你可以找到的某个地方，或者你可以将它放到任何一个你想要放到的地方，而丝毫不会干扰到现在的你，当你放好之后，你发现它已经离你非常远，或者再也看不到它，如果你做好了，可以点点你的头让我知道……嗯，非常好，你做得非常好……现在你可以将刚才放在箱子外面的照片，将它们放到一个盒子里，这是一个你喜欢的盒子，有你喜欢的颜色，喜欢的材质，喜欢的款式，喜欢的图案，将这些带给你积极意义的照片放到这个盒子里……当你放好之后，你可以将这个盒子放在一个离你最近的位置，也许你可以把它放到你的床头前，或是你的书桌上，或是你书架的显眼处，把它放在那样的一个位置，在你需要它的时候，你随时都可以拿到它……嗯，非常好，在你将它放好的时候，你可以静静地、静静地去体会，体会你此时此刻内心的感觉……去体会你刚才所经历的体验，就好像大地去体会这一年四季的变化一样，在过去一年又一年的时间里，我们有的时候会忽视自己内心的体验，就像我们也不曾去体会大地会如何去体验这一年四季的变化……就像是在最热的季节里，就像是在春末夏初的时候，万物都是那么茂盛，树非常绿，花也非常艳……好像所有的人和所有的动物都开始越来越有活力，那是一种万物复苏之后的，茂盛的感觉……在这样的季节，一切都显得如此热烈，就像是当夏日越来越近的时候，太阳的温度会越来越高，我们能够看到树木茂盛，繁花似锦，我们能够体验到夏日所带来的灼热和充满活力的感觉，而大地也同样体验的是热闹非凡的场景，很多人会去游泳、会去运动、会去旅游……在这个季节里，有孩子们最期待的暑假，那是一个热闹的、充满活力的季节……而当夏日过后，秋日渐渐来临，秋天，所有的树木都逐渐发生着变化，有些常青树，叶子越发地暗沉，而落叶木的叶子开始变黄，甚至随着深秋的临近开始飘落……大片的果树结出成熟的果实，它们散发出诱人的香气，这是一个丰收的季节，在这个季节里，我们可以体验到凉爽的秋风，感受到空气的凉爽，充盈着丰收的喜悦……而随着冬日来临，树枝上枯叶都随风飘零，只剩光秃秃的树枝，而菜园和麦田也只能看到片片黄土，大地所体验到的是一片沉寂，天气越来越冷，风越来越烈，直到大雪纷飞，白雪皑皑，寒冷和冰雪笼罩了世界……就好像整个世界都安静了下来，丛林中互相追逐的动物们也似乎瞬间都消失了……在这个过程中，就好像所有都陷入了死寂，嗯，一切看着都如此灰暗，天也如此灰暗，空气也如此冰冷，所有的热闹和丰收景象都不见了，都消失了，都离我们远去了……这样静寂的日子，一天一天地过去……一天接着一天，就在好像遥遥无期的等待当中。终有一天，你会发现，冰雪开始融化，凛冽的风开始变得温暖，万物复苏，小树发芽，燕子筑巢……在经历过冬天的寒冷后，你会发现万物开始在新的世界里萌发，麦田越来越绿，桃花盛开……这个世界又慢慢地热闹了起来……原来经过了冬天就会迎来春天，原来只有经过冬天的孕育，大地才能够重新充满生机，原来经过冬天的寒冷，才能给我们带来更加健康的生活……原来只有下过大雪，才能够迎来新的一年的丰收，原来只有经历了冷冷深冬，才能够迎接春意盎然的新的一年……让我们去感受新的一年到来的感觉，让我们去体验凛冽的风吹过后风和日丽的感觉，让我们去体验纷飞的大雪过后万物复苏的感觉，这是怎样的一种体验呀……让我们带着这样的体验，让我们去期待接下来的夏天、秋天，包括接下来的冬天，我们会发现每一个季节都是那么有意义，每一个时节都为下一个时节做好了准备，我们去体验着这一切，去感受着这一切，去经历着这一切，去期待着每一个时节的来临，去拥抱每一个时节的到来……带着这样的一种期盼，去感受每一天、每一个星期、每一个季节……对，嗯，非常好……

现在可以慢慢地做几次深呼吸……在你准备好的时候，睁开你的眼睛……

附录15-4　减轻焦虑，压力管理

嗯……好……你可以调整自己的身体，开始做几次放松的深呼吸。对……非常好……深深地呼吸。

好……很好……现在请你在你的眼前选择一个点，去盯着这个点，对……当你选好这个点的时候，你就紧紧地盯着这个点，盯着它……现在你可以从20开始倒数，20……19……18……17……16……15……对，按照这样的节奏一直数到1，嗯……当你数到1的时候，你就可以闭上眼睛在心里默念3秒，1……2……3……当数到3的时候你就可以睁开眼睛，再盯着这个点……对，紧紧地盯着它，同时从19开始倒数，19……18……17……，对……在心里默念，一直数到1。非常好……按照你的节奏，眼睛始终盯着它，紧紧地，一直盯着它，紧紧地盯着它……当数到1的时候，你可以再次闭上眼睛，在心里默数3秒……之后你就可以再次睁开眼睛，从18开始倒数……数到1。嗯……按照你的节奏，慢慢地，一点一点地……非常好，眼睛紧紧地盯着这个点。对……当数到1的时候，你就可以再次闭上眼睛，默念3秒……之后再次睁开眼睛，这次从17开始，对……就是这样，依次递减……我们可以从17开始倒数到1，就按照这样的规律，下一次就可以从16开始，从15开始，依次递减。按照你自己的节奏，紧紧地盯着这个点，进行这样的默念……非常好，嗯……

直到你觉得自己的眼睛越来越不愿意睁开……越来越享受闭上双眼的状态，你就可以让自己停下来……你可以允许自己做你想做的事，可以允许自己停下来，什么都不用去做……只去闭着眼睛享受，体会放松和舒服的感觉，按照自己的节奏……如果你愿意，还可以继续数，如果你很享受闭着眼睛感受到的那份轻松和舒服，就可以开始去体会这种放松、舒适的感觉……而一点一点地，当世界继续在你的周围，以它的方式运转的时候……为什么不让自己感到舒服，非常舒服……就像现在感受到的一样……当然，你越是专注于自己内心的体验，越会发现……在你周围发生的事情，越不那么重要……

我们每个人似乎都需要有一点时间离开，有一点休息的时间，将我们的注意力转向不同的地方……我们也许知道，世界上其他地方正发生着不同的事情……有些地方依然处在战争之中……有些地方也许发生着地震、火灾或是泥石流……而有些地方在承受着环境的污染，或是动物的灭绝……也许每个人都在担忧着，担忧着自己的事情……也许对于自己应该做什么，而感到疑惑，所有的这些可以在内心发生，也可以在外部世界发生……就像灾难，就像战争……这些或许是短暂的，它们或许可以被忍受……就像我们每天陷入对环境的担忧一样……而这些或许可以带来一些灵感，或许能够制造一些成长……它们也许可以提高一些创造力，能够改变我们的视角……而不仅仅是囿于人类的视角……但是也有很多时候，当所有的喧哗过去，当你的思绪慢下来，好像没有什么事情是真实的，也并不重要，这种宁静的时刻，好像可以为那些不平静的时刻做好准备……而这几秒在感觉上，好像是过了很久很久宁静的时光……它们会塑造舒适感和平衡感，让你更有力量去应对所有未来的情景……在那样的时刻，耐心和理解力或许有很大的用处，而现在你就处于这种平静的时刻之中……

我们深知在不同的时刻，我们会突然遇到不同的事情……我们没有办法控制人生的境遇，就好像没有办法去控制打雷下雨……热带雨林中的小岛……大部分的时候天空是那么澄澈，那么蓝，就像典型的热带天气那样……但是每过一段时间，巨大的乌云就会涌来……就会下大雨，打雷，有闪电……然后云团又会退去……当乌云来的时候，会让人感到不安，而且意外的是，阳光会突然消散……它可能会在任何时候发生改变，而且显然谁对此都没有办法，谁也不能去控制打雷或是下雨……

但你很快地发现，那种喧闹通过宁静来平衡，也能让人好好地欣赏它……因为正是那种喧哗，让雨林能够保存下来……让成长得以发生……有些时候它会带来不便，有些时候它又会让人愉悦……事实上正是黑压压的雨水，才能让植物茂密地生长，让愉悦的事情发生……而且万物都获得了平衡……

而且那是一种……多么美好的感觉，能够舒服地处于安稳的状态，也能够舒服地处在这样美好的感觉里，去帮助你……为那些动荡不安的时刻做好准备……让你能够真心地……去接纳那些动荡不安的时刻。嗯……安稳的舒服的时刻，就像现在这样……为什么不去享受，享受宁静的时刻，并且去欣赏……它们可以提供给你的东西，为什么不去接受……落下的雨水……打雷的天气……飘动的乌云……都是可以改变的事情，而同时事情也会变得更好。

一天一天……当你的耐受力增加的时候……舒适稳定的时刻，可以越过风雨……越过雷电……穿过朝阳，你可以去面对外界的风雨，你将不得不……为你自己做出某种决定。花时间去享受都市的感觉……去享受内在的宁静……如此美好的感受。暴风雨停止了，可以体验到……这种舒适的感觉……这种平静和接纳的感觉，为什么不将它随身带着呢？可以带着它……去任何地方……去任何地方都可以体会……这份舒适感。也许可以将它的一部分拿去分享，或是一部分保留下来。对，你可以放走一些，再抓住一些，就像你现在……可以舒服地和自己待在一起……也可以继续听我讲……一个关于猫和老鼠的故事……

一个小姑娘发现了一只小老鼠，便把它养了下来，这只小老鼠变得十分听话，最后小姑娘可以把这只小老鼠放在手掌上喂食。有一天她把小老鼠装进她的围裙兜里，带它去郊外玩耍。突然间，出现了一只猫，小姑娘吓了一跳，因为她想起猫是吃老鼠的。小姑娘心跳加快，非常害怕，于是她转身奔跑。她跑啊跑啊，可是她越跑，那只猫就变得越大。小姑娘更加害怕地飞奔，终于，那只猫变得比房子还要大。小姑娘绝望极了，这个时候，她听见一个很小的声音在对她讲话，她低头看去，发现小老鼠把它的脑袋从兜里伸了出来。只听见小老鼠冲着她喊："停下来，停下来，你必须转过身，去看着猫的眼睛，冲它跑过去，这样它就会越变越小的。"小姑娘听了小老鼠的话，就停了下来，转过身去，勇敢地看着猫的眼睛，无畏地冲它跑了过去。这个时候，猫变小了。它越来越小，直到恢复了它本来的大小。它喵喵地叫着，温顺地在小姑娘的腿前蹭着。现在老鼠还在小姑娘的兜里待着，很安稳，这个小姑娘也不再害怕……

嗯……好……在接下来的两分钟里，你的潜意识可以聪明地选择……哪些对它有用……哪些能够带给它帮助……那些智慧的觉察……就以这样或那样的方式……发生了……带给它积极的接纳……与成长……当我的声音再次响起的时候，就是你重新……将自己带回来的时候（静默2分钟）。嗯……非常好。现在你可以一直都随身带着舒适感，把更多宁静的享受和智慧的接纳带回来……然后当你觉得自己准备好的时候，可以慢慢地睁开眼睛。

附录15-5　身体修复、伤痛管理

好……调整你身体的姿势……让你身体的每一个部位都处在一个舒服的位置……去感受你的身体……非常轻松和舒适……你可以将你的注意力集中到你的呼吸上面……去做几个深呼吸……舒服的呼吸……对……深深的绵长的呼吸……之后……你可以慢慢地闭上眼睛……去体会身体的感觉……你也许会发现……当你闭上眼睛的时候……你可以将注意力……从外界拉回到对自己的感觉之上……就像现在……你的意识层面……非常清楚地知道……你在哪里……你的周围都有什么……而你在能够关注到这个的同时……依然能够关注到你身体的感觉……你可以去感觉……你的双脚……双脚被大地支撑的感觉……稳稳地支撑着你的双脚……让你感觉到踏实和稳定……

而你身体的每一个部位……都能感觉到被有力地支撑着……而当你的注意力……集中到自己身体上的时候……你也越来越能敏感地……感知到它们的存在……和存在的意义……

也许一部分的你……会觉察到你的思绪……一会儿飘到这儿……一会儿飘到那儿……但总有一部分的你……可以将注意力……关注到你自己的身体之上……可以在此时此刻……允许将这部分注意力……关注到自己的身体……与身体的每一个部位进行联结……可以允许……在此时此刻去体会……身体的存在……去体会身体的每一个部位……它们的感觉和体验……体会和它们在一起……

对……非常好……允许自己在这一刻……开始关照自己的身体……虽然你的身体已经陪伴了你很多年……帮助你在很多的时间里……很多的情境下……去应对很多的事情……而似乎很少……你能够像此时此刻这般……去好好地关照它……聆听它……觉察它……感知它……而在接下来的时间里……我们允许……我们开始去关照好……身体的每一个部位……你可以在接下来的时间里……用一种智慧的方式……用潜意识的觉察……去和你的身体在一起……和它深深地联结……深刻地体会……它对你的意义……现在你可以开始扫描你的身体……无论你的意识层面……还有多少纷纷扰扰的思绪……而你智慧的潜意识……能够渐渐地帮助你……帮助你在此时此刻……

现在对你来讲更有意义的事是……将更多的关照……给予你的身体……扫描自己的身体……去体会每一个部位的感觉……你可以从上到下……从头部慢慢地……扫描到你的

脚部……你也可以从下至上……从脚部慢慢地蔓延到你的头部……你可以仔细地去体会每一个部位的感觉……当你发现某一个部位……有更为强烈的感觉的时候……当你发现某一个部位更需要关照的时候……你可以停下来……将你的注意力集中到这个部位上面……仔细地去体会它……对……体会它，和它待在一起……感觉它的变化，嗯，慢慢地……再慢一些……感受它每一点细微的变化……

嗯……去感受它……现在的感觉……去倾听它的声音……为什么它会有如此的反应……为什么它在此刻……需要被照顾…… 为什么……它会有这样的感觉……为什么……它发生在这个部位……而不是其他的位置……你可以问一问……用潜意识的智慧去问一问它……去问一问这个位置……去问一问它……它对你来讲……有什么不同……它对你来说……有什么特别的……存在意义……在陪伴你……这么多年的时间里……它是如何一直帮助你……不离不弃地跟随着你……而现在的它……发生了什么……出现了怎样的问题……它都经历了什么……会有这样的感觉……同时你也可以去回答它……也可问问自己的内心……在这么多年的时间里……你是如何关照各个感官的……你是如何体会……各个感官的存在……在各个感官需要照顾的时候……你又是如何觉察它们的需求的……在接下来的时间里……你可以和你的这些部位……进行一次深入的交

流……潜意识智慧的对话……你可以仔细地去聆听……甚至去看一看……它对你说了什么……它想向你表达什么……而你又是……如何去回应它……可以给它帮助……照顾和爱护……用你想用的方式……在此时此刻……去好好地爱它……好好地去帮助它……你可以让自己智慧的潜意识……可以让你自己的内心……变得更加有觉察力……

此时此刻……或者可以让你自己……成为有高超技艺的医生……又或是有神奇魔力的魔法师……你拥有神奇的力量……和高超的技艺……在这个时刻……给予你这个部位……最需要的治愈…… 你可以仔细地去看……看看这个部位……你甚至能够清晰地……看到它内部的结构……它的颜色……它的状态……它遇到的困难……你可以看清楚它……此时此刻的样子……仔细地……去看看它……看看它跟之前……有怎样的不同……在之前……它还是健康的时候……在曾经……它还是充满活力的时候……它是什么样子的……什么颜色的……而现在……它发生了怎样的改变……它变成了什么样子……它感觉到了什么困难……它是否感觉到疲惫……它是否需要帮助……而此刻的你……与以往不同的是……你将带着治愈的能力……出现在它的面前……你可以用你最高超的技艺……你可以用你……最神奇的魔力……去对它进行修复……进行治愈……你的潜意识是如此……有创造力，只要你愿意……愿意帮助你自己……没有人比你的身体……更了解自己的需要……

嗯……对……非常好……你越来越能够……让它恢复到之前的样子……之前的颜色……你用你可以想到的……所有的方法……尽力地去修复它……一点一点……它发生着变化……你能够看到……它在你的修复之下……渐渐地发生着神奇的变化……当一个方式……又一个方式……被你利用的时候……你会发现……你越来越有智慧……能够去修复这个部位……在你的尝试之下……它越来越健康……越来越有活力……嗯……一点一点……一步一步恢复到……之前的样子……非常好……你会发现……也许它已经恢复如初了……也许它并不尽善尽美……但不管怎样……它已经开始……走在逐渐恢复的路上……它已经开始……被好好地照顾……逐渐地恢复健康……它会开始启动……自身治愈和修复的能力……

无论你是清醒的……还是在睡梦中……无论你是站着……还是坐着……从此刻开始……都会以智慧的方式……继续做着自我的修复……这个部位越来越可以……让自己更加……充满活力……充满生机……越来越健康……越来越愉悦……因为从此刻开始……它知道你可以照顾它……可以关注它……可以爱惜它……体会它……当你去体会它的时候……你可以将你的手……慢慢地放到相应位置上面……去关照你的这个部位……你也可以用你……心灵的手……轻轻地去安抚这个部位……用

你的心灵之手……放到这个部位之上……去体会它此时此刻的感觉……

去体会它的变化……而现在……你还可以去问一问它……问一问它……此时此刻它有什么感觉……有什么样的感触……有什么想要对你说的话……而你又如何去回应它……给它关照……给它承诺……承诺不管以后……任何时候……这个部位和自己说任何话……都愿意听……给它信心……给它力量……嗯……当你这么做的时候……你会发现它也同样地……给你承诺……给你信心……给你力量……它也在用它的方式……和你在一起……非常好……你可以感受到……你们彼此在一起的感觉……是那么友好……那么和谐……那么不离不弃……相互支持……而这样的感觉……它随时都存在于……你的身体里……你的感觉里……它会在接下来的一天……一周……一个月……或是更长的时间里……和你在一起……非常好……

而接下来……你可以继续……扫描你身体的其他部位……你可以从一个部位慢慢地移开……去关照身体中另一个需要关照的部位……你依然可以用同样的方式……去对身体的其他部位……其他也同样需要关照的部位……去和它们在一起……你会发现……你越来越有经验……越来越娴熟地……去关照……你身体的各个部位……你越来越可以……发挥你身体的潜能……用更多智慧的方式……去和你的身体在一起……和需

要关照的部位进行联结……去关爱它……帮助它……因为你深深地知道……它也在关照着你……帮助着你……给予着你……所有的支持和力量……而从现在开始……你也学会了……如何给予它支持和力量……就像你现在做到的一样……非常好……而这样的过程……在你需要的时候……你随时都可以进行……进行这样的自我关照……自我治愈……而现在依然可以……继续这样的工作……在你觉得……已经在此时好好地关照到……它的时候……已经足够……给予它照顾的时候……你深深地知道……今后你依然……会用这样的方式……继续给予它关照……而现在……你可以去活动一下你的身体……在你准备好的时候……慢慢地睁开你的眼睛……